Frank Lampe (Hrsg.)

Green-IT, Virtualisierung und Thin Clients

Frank Lampe (Hrsg.)

Green-IT, Virtualisierung und Thin Clients

Mit neuen IT-Technologien Energieeffizienz erreichen, die Umwelt schonen und Kosten sparen

Mit 33 Abbildungen und 32 Tabellen

PRAXIS

VIEWEG+
TEUBNER

Bibliografische Information der Deutschen Nationalbibliothek
Die Deutsche Nationalbibliothek verzeichnet diese Publikation in der Deutschen Nationalbibliografie; detaillierte bibliografische Daten sind im Internet über <http://dnb.d-nb.de> abrufbar.

1. Auflage 2010

Lektorat: Christel Roß | Walburga Himmel

Vieweg+Teubner ist Teil der Fachverlagsgruppe Springer Science+Business Media.
www.viewegteubner.de

Umschlaggestaltung: KünkelLopka Medienentwicklung, Heidelberg
Druck und buchbinderische Verarbeitung: Ten Brink, Meppel
Gedruckt auf säurefreiem und chlorfrei gebleichtem Papier.

ISBN 978-3-8348-0687-1 (Hardcover)
ISBN 978-3-8348-2624-4 (Softcover)

Vorwort

Die CeBIT 2008 und z.T. auch 2009 hat Green IT zu Ihrem Thema gemacht und in den Fachmedien sowie in der Tagespresse machen Artikel auf das Problem des steigenden Energieverbrauchs von Unternehmens-IT und insbesondere Rechenzentren aufmerksam. Green IT ist zu einer Welle oder besser einem Hype-Thema geworden. Viele Unternehmen praktizieren nun Green IT einfach in Form der Umetikettierung bzw. zusätzlichen Labelung von bestehenden Produkten und Technologien. Das Beste ist, dass die allgemeine technologische Entwicklung zur Miniaturisierung und dünneren Leiterbahnen etwa bei den Chips ganz automatisch zu sinkenden Energieverbräuchen pro Rechenleistung führt. Schade nur, dass dies durch die steigenden Anforderungen und die stärkere Nutzung von IT wieder wettgemacht wird. So steigen u.a. in diversen Branchen immer noch die Zahlen derjenigen, die einen Computer am Arbeitsplatz nutzen. Noch drastischer ist dieser Anstieg schaut man sich die boomenden Schwellenländer, oder sollte man sagen: „die neuen Weltmächte" China und Indien an.

In der Green IT-Debatte wird immer noch nur auf die einzelnen Komponenten wie Server, Netzteile, Router, Klimaanlagen usw. und deren Effizienz geschaut, nicht jedoch auf das generelle Architektur- bzw. Infrastrukturkonzept der IT. Seit einiger Zeit nun wagen einige Medien, Institutionen und IT-verantwortliche jedoch den Schritt das verbreitete Standardkonzept von Arbeitsplatz PCs in Client-Server Netzwerken ernsthaft zu hinterfragen, und das nicht nur ökonomisch, sondern gerade auch ökologisch. Sicher, für die meisten IT-verantwortlichen besteht dazu bislang nur wenig Veranlassung. Sie werden weder mit den Energiekosten noch mit irgendwelchem CO2-Ausstoß direkt belastet. Nichts desto trotz, es gibt extrem leistungsfähige und dabei drastisch Strom sparende Alternativen zu Client/Server-Netzwerken mit PCs. In der einfachen Form ist dies sicher das Server Based Computing oder Server Centric Computing mit Thin Clients am Arbeitsplatz. Den Durchbruch auf breiter Front werden Thin Clients als vollwertiger PC-Ersatz in Unternehmen jedoch durch die Einführung und Verbreitung der Desktop-Virtualisierung erzielen. Hierbei werden dann nicht nur Strom, Energiekosten und CO2 eingespart und der Elektroschrott um bis zu 80% reduziert, sondern auch die IT-Sicherheit und die Verfügbarkeit deutlich erhöht. Das Management der Desktops wird zentralisiert und radikal vereinfacht und in der Produktion bereits werden Energie sowie hunderttausende Tonnen Rohstoffe gespart bzw. die Verschmutzung von Luft, Wasser und Boden wird stark verringert bzw. vermieden. Als Herausgeber und Mitautor dieses Buches verfolge ich zwei Ziele: zum einen soll dies Buch für Politiker, Verwaltungsmitarbeiter, Einkäufer, IT-Berater und Praktiker wie Administratoren und IT-Verantwortliche in wenigen Beiträgen das Thema Green IT in seinen wichtigsten Dimensionen (Rechenzentrum und Desktop) transparent machen und zum anderen soll der enorme positive Beitrag von Thin Client Computing sowohl unter ökonomischen wie ökologischen Gesichtspunkten für einzelne Unternehmen wie auch für die ganze Volkswirtschaft aufgezeigt werden. Ich hoffe, dieses Buch trägt dazu bei den Prozess des Umdenkens zu beschleunigen.

Dr. Frank Lampe

Inhaltsverzeichnis

TEIL A: Einführung in die Green IT ... 1

1 Die grünende IT – Wie die Computerindustrie das Energiesparen neu erfand ... 3

1.1 Ein neues Bewusstsein ... 3

1.2 Die IT als Saubermann ... 3

1.3 Der Green-IT-Hype ... 4

1.4 Eskalierender Energieverbrauch ... 5

1.5 Mikro-Ökosystem RZ ... 7

1.6 Klimawandel ... 9

1.7 Green IT ... 10

1.8 Ökologie und Ökonomie ... 15

TEIL B: Technologische Grundlagen ... 17

2 Energieeffizienz im Rechenzentrum ... 19

2.1 Einführung in das Kapitel ... 19

2.1.1 Überblick ... 19

2.1.2 Entwicklung des Energiebedarfs von Rechenzentren ... 20

2.1.3 Energieverbraucher in Rechenzentren ... 22

2.1.4 Herausforderungen für Planung und Betrieb von Rechenzentren ... 23

2.2 Messung von Energiebedarf und Temperaturen ... 24

2.2.1 Überblick ... 24

2.2.2 Energie-Monitoring ... 26

2.2.3 Temperatur-Monitoring 27
2.3 Optimierung der IT-Hard- und Software 28
2.3.1 Überblick 28
2.3.2 Server 28
2.3.3 Speicherlösungen 32
2.4 Optimierung der Kühlung 34
2.4.1 Überblick 34
2.4.2 Kühlgerätearten und Kühlmedien 34
2.4.3 Luftstrom im Raum und im Rack 37
2.4.4 Freie Kühlung 41
2.4.5 Temperaturen im Rechenzentrum 43
2.4.6 Leistungsregelung 44
2.5 Optimierung der Stromversorgung 45
2.5.1 Überblick 45
2.5.2 Stromversorgung beim Gebäudemanagement 46
2.5.3 Der Einfluss von USV-Systemen auf den Energieverbrauch 48
2.5.4 USV-Anlagen und Ausfallsicherheit 49
2.5.5 Einsatz von intelligenten Steckdosenleisten im Rack 52
2.6 Energy Contracting 54
Literatur 55

3 Stromsparen durch Virtualisierung 57
3.1 Virtualisierung – mehr Leistung, weniger Energie 57
3.1.1 Serverkonsolidierung 57
3.1.2 Virtuelle Infrastrukturen 58
3.1.3 Energieeffizienz 58
3.1.4 Ökobilanz 58
3.1.5 Green-IT 59
3.2 Unternehmen profitieren von Green-IT 59
3.2.1 Fallbeispiel: Experton Group 60

3.2.2. Fallbeispiel: VMware 63
3.3 Fazit 69

4 Desktop-Virtualisierung 71
4.1 Einleitung 71
4.2 Virtualisierung - vom Rechenzentrum bis zum Desktop 72
4.3 Server-Virtualisierung 73
4.3.1 Warum Server-Virtualisierung? 74
4.3.2 Wohin geht die technologische Entwicklung bei Server-Virtualisierung? 75
4.4 Desktop-Virtualisierung 76
4.4.1 Herausforderungen bei herkömmliche Desktops 76
4.4.2 Desktop-Virtualisierung – Überblick 78
4.5 Desktop-Virtualisierung allein ist eine inkomplette Lösung 79
4.5.1 Erfüllung der Anwendererwartungen 80
4.5.2 Zentralisiertes Desktop-Management 80
4.5.3 Management von Desktop-Images 81
4.5.4 Zusammenfassung 81
4.6 Technologische Anforderungen an eine Lösung für die Desktop-Bereitstellung 81
4.6.1 Strikte Trennung von Betriebssystem und Anwendungen 81
4.6.2 Einfache Skalierbarkeit ermöglicht ein schnelles Rollout 83
4.6.3 Die Performance muss überzeugen 84
4.6.4 Größtmögliche Flexibilität innerhalb der Infrastruktur 85
4.7 Citrix-Lösungen zur Desktop-Virtualisierung 86
4.7.1 Citrix XenDesktop 86
4.7.2 Wie ergänzen sich Desktop- und Anwendungs-Virtualisierung? 87
4.7.3 Desktop Appliances 88
4.8 Zusammenfassung 88

5 Thin Clients – Eine Einführung ... 91

5.1 Eine Alternative zu PCs? ... 91

5.2 Client/Server- vs. Server Based Computing ... 91

5.3 Zentralisierung – ein bewährtes Prinzip ... 93

5.4 Ein großer Gewinn an Sicherheit, Ergonomie und Effizienz ... 94

5.4.1 Malware ... 94

5.4.2 Arbeitsplatzergonomie ... 94

5.4.3 Hochverfügbarkeit ... 95

5.5 Reduktion der Gesamtbetriebskosten um bis zu 70 Prozent ... 96

5.6 Zentrales Management und schnelle Roll-outs ... 97

5.7 Viele Talente dank lokaler Clients, Tools und Protokolle ... 97

5.8 Sichere Authentifizierung durch Smartcards ... 99

5.9 Fazit: Hohe Zukunftssicherheit für alle Unternehmensgrößen ... 99

6 Thin Clients: Anwendungsvirtualisierung (SBC) oder Desktop-Virtualisierung? ... 101

6.1 Einleitung ... 101

6.2 Ein altes Prinzip neu belebt ... 101

6.3 Desktop- und Anwendungsvirtualisierung ... 101

6.4 VMware VDI und Connection Broker ... 102

6.5 Vor- und Nachteile gegenüber lokalen PCs ... 103

6.6 Vorteile von VDI gegenüber SBC ... 103

6.7 Spezifische Vorteile von VMware VDI ... 104

6.8 Nachteile der Desktop-Virtualisierung gegenüber SBC ... 104

6.9 Typische Anwendungsbereiche ... 105

6.10 Attraktive Mischform: dynamische Desktops ... 105

6.11 Die Thin Client-Strategie für VDI oder SBC ... 105

6.12 VDI – SBC – Thin Clients: Was ist die optimale Strategie? ... 107

TEIL C: Ökologische und ökonomische Aspekte **111**

7 Thin Clients vs PCs: Wirtschaftlichkeitsbetrachtung **113**

7.1 Einleitung 113

7.2 Beschaffungskosten 114

7.2.1 Client-Hardware 114

7.2.2 Server-Hardware 114

7.2.3 Software-Lizenzen 117

7.2.4 Kummulierte Beschaffungskosten 119

7.3 Geschäftsprozesse 120

7.4 Gesamtkosten = Total Cost of Ownership 121

7.5 Empfehlungen 124

8 Ökologische Aspekte von Thin Clients **127**

8.1 Einleitung 127

8.2 Methodik 128

8.2.1 Produktion, Herstellung, Distribution 128

8.2.2 Betriebsphase 129

8.3 Ergebnisse 130

8.4 Interpretation der Ergebnisse 131

8.4.1 Beispielberechnung: KMU 133

8.4.2 Beispielberechnung: Großes Unternehmen 133

8.5 Die makroökonomische Perspektive 134

8.6 Empfehlungen 136

9 Einsparpotenziale von Thin Clients & Server Centric Computing auf nationaler und europäischer Ebene **141**

9.1 Einleitung 141

9.2 Einsparpotenziale in Rechenzentren 141

9.3 Einsparpotenziale in allen Unternehmensgrößen erheblich 145

9.4 Einsparpotenziale des Thin Client Computing 146
9.5 Ressourceneffizienzpotenziale durch Thin Clients erschließbar 147
9.6 Mögliche ökologische Reboundeffekte des Thin Client Computing 149
9.7 Zukünftige Entwicklungen der Computertechnologie 151
9.8 Konsequenzen für die Entwicklung von Thin Clients 152

TEIL D: Fallstudien ausgewählter Branchen 153

10 Deutsche Börse Systems AG 155
10.1 Einleitung 155
10.2 Arbeitsplatz-PCs zu teuer 155
10.3 Überzeugendes Lösungskonzept mit Thin Clients 156
10.4 Börsenparkett: hohe Verfügbarkeit, gutes Klima 156
10.5 Accesspoints: vertraute Managementumgebung 157
10.6 Systemüberwachung: effizientes Multiviewing 157
10.7 Gute Werte für Performance und Support 158
10.8 Ökologische Vorteile 158

11 Langfristige Performance mit Thin Clients bei HSBC Trinkaus 161
11.1 Einleitung 161
11.2 Modernisierung der IT-Arbeitsplätze 161
11.3 Referenzprojekt in Luxemburg 162
11.4 Dualview und Multi-Shadowing 162
11.5 Einheitliches Management, praktische Tools 163
11.6 Schnelle Implementierung 163
11.7 Besseres Raumklima, niedrigerer Stromverbrauch 163

12 MediMax Elektronik-Marktkette 165
12.1 Einleitung 165
12.2 Konsequente Zentralisierung der IT 165

12.3 Überzeugende Referenzen, rasche Evaluation ... 166
12.4 Universeller Desktop zu minimalen Kosten ... 166
12.5 Drucker, Scanner, Videokonferenzen ... 167
12.6 Ausbau auf 1.500 Thin Clients ... 167
12.7 Stromkostenersparnis von 45 Prozent ... 168

13 Auto Teile Unger: Gesprengte Ketten ... 169
13.1 Einleitung ... 169
13.2 Client/Server Computing zu unflexibel ... 169
13.3 Neues Server Based Computing-Konzept ... 170
13.4 Etwa 25 Prozent Einsparungen beim Support ... 170
13.5 Preis/Leistungsverhältnis Ausschlaggebend ... 170
13.6 Digital Services: Mehrwert und Zukunftssicherheit ... 171
13.7 Managementlösung beschleunigt Roll-out ... 171
13.8 Stromverbrauch sinkt bis 2009 um 30 Prozent ... 172
13.9 Voraussetzung für weiteres Wachstum ... 174

14 b.i.t. Bremerhaven: Thin Clients entlasten Schulen ... 175
14.1 Einleitung ... 175
14.2 IT-Betreuung bislang zu aufwendig ... 175
14.3 Magellan, zentrale Daten und Thin Clients ... 175
14.4 Outsourcing-Partner empfiehlt Thin Clients ... 176
14.5 Überzeugende Kosten-Nutzen-Rechnung ... 176
14.6 Management und Flexibilität ... 177
14.7 Neue Endgeräte bestehen in der Praxis ... 177
14.8 Ausweitung der Lösung geplant ... 178

15 Oberbergischer Kreis ... 181
15.1 Schlanke, offene und krisensichere IT für die öffentliche Verwaltung ... 181

15.2 Neugestaltung der Desktop-Umgebung 181
15.3 Effizientes Thin Client Computing 181
15.4 Universal Desktops – vielseitig einsetzbar 182
15.5 Sicherheit und Katastrophenschutz 182
15.5 Hohe Energieeffizienz dank Virtualisierung 183
15.6 Kompensation für neue Anforderungen 183
15.7 Laufender Roll-out, schnelle Updates 183
15.8 Solide Basis für künftige Herausforderungen 184

16 Teckentrup Garagentore 187
16.1 Offene Türen einrennen 187
16.2 Neuausrichtung der IT-Bereitstellung 187
16.3 Anwenderselbsthilfe reduziert 187
16.4 Hohe Einsatzvielfalt dank Digital Services 188
16.5 Thin Clients in Fertigung und Konstruktion 188
16.6 Gute Vorbereitung beschleunigt Roll-out 189
16.7 Halbe Kosten: Administration, Support und Strom 189
16.8 Stetiges Feilen an der IT-Effizienz 190

Sachwortverzeichnis 193

TEIL A:

Einführung in die Green IT

1 Die grünende IT – Wie die Computerindustrie das Energiesparen neu erfand

Von Dr. Wilhelm Greiner

Dr. Wilhelm Greiner ist stellvertretender Chefredakteur der Netzwerkzeitschrift *LANline* und als Fachjournalist seit geraumer Zeit mit Green IT befasst.

1.1 Ein neues Bewusstsein

Die IT-Branche hat ihr grünes Gewissen entdeckt. In der jetzigen Verbreitung und Intensität ist dieses Phänomen noch recht neu - lange Zeit schien die Informationstechnik in puncto Umweltverträglichkeit und Energieverbrauch eine "weiße Weste" zu haben. Schließlich läuft ein PC mit Strom und nicht mit - sagen wir mal - einem Dieselmotor: Beim Booten eines Computers schießt nicht erst eine dunkelgraue Rauchwolke aus dem Auspuff, die Lärmerzeugung beschränkt sich auf das Surren des Lüfters, zum Tanken fahren muss man mit ihm auch nicht, und die Produktion der Komponenten erfolgt... ja, wo eigentlich? Irgendwo in der "dritten Welt", in Fernost oder in Mexiko. So sind die umweltschädlichen Aspekte der Produktion von Leiterplatten und sonstigen Bauteilen aus den Augen, aus dem Sinn und bestenfalls sporadisch Gegenstand eines kritischen Greenpeace-Berichts[1], der im Überangebot der Medienlandschaft untergeht.

1.2 Die IT als Saubermann

Das Saubermann-Image der IT-Industrie entspringt in hohem Maße und durchaus zurecht dem Umstand, dass Informationstechnik in den letzten Jahrzehnten - neben dem privaten Wohn- und Arbeitszimmer - praktisch alle Produktions- und Dienstleistungsbereiche erobert hat, und dies immer mit dem klaren Ziel der Effi-

---

1 K. Brigden et al., "Cutting Edge Contamination", Greenpeace Research Laboratories, Februar 2007.

zienzsteigerung: In der Metallindustrie, bei Automobilzulieferern, in der Chemie- wie in der Pharmaindustrie, bei Finanzdienstleistern, in Krankenhäusern und der öffentlichen Verwaltung - überall lassen sich dank IT Produkte effizienter herstellen, personen- und produktbezogene Daten besser verwalten, Prozesse reibungsärmer umsetzen sowie Lieferketten, Finanz- und Warenströme beschleunigen. Eine angenehme und umweltfreundliche Nebenwirkung solcher Effizienzsteigerung ist in vielen Fällen eine verbesserte Ausnutzung der benötigten Energie und der verwendeten oder verarbeiteten Materialien: Eine computergesteuerte Fräse kann Ausschuss vermeiden, eine E-Mail den Versand eines Briefs erübrigen, Online-Banking die Fahrt zur Bank ersparen, die digitale Speicherung von Daten die Ablage in Hängeordnern ersetzen - die Liste der Vorteile ist lang.

Somit stand das Thema "Energieverschwendung durch IT" lange Zeit gar nicht erst auf der Tagesordnung. Die Unternehmen hatten sich in den letzten zehn Jahren mit ganz anderen Problemen herumzuschlagen: Da galt es, die althergebrachte Großrechnerwelt mit den wie Pilzbefall wuchernden PC-Beständen zu verknüpfen, die unternehmensinterne IT-Infrastruktur ans Internet mit all seinen neuen Möglichkeiten anzubinden, vorübergehend musste man in einer Phase echter Goldgräberstimmung unbedingt E-Business betreiben (was dann zwar zu einer dramatisch platzenden Spekulationsblase führte, aber heute schlicht und ergreifend Alltag geworden ist), dann mussten Serverlandschaften die Zeitumstellung auf das neue Jahrtausend verkraften, gegen immer neue Gefahren mit immer neuen Geräten und Methoden abgesichert werden, die immer umfangreicheren Datenbestände konsolidierte man in Data Warehouses, und schließlich galt und gilt es, die ganze IT-Infrastruktur revisionssicher und regularienkonform auszurichten. Kein Wunder also, dass angesichts solcher oft komplexer Herausforderungen und hektischer Erneuerungszyklen - von Ausnahmen abgesehen - kaum jemand auf Umweltbelange oder Energieverbrauchsfragen der IT-Infrastruktur Rücksicht nahm - weder auf Anbieter- noch auf Anwenderseite.

1.3 Der Green-IT-Hype

Wie grundlegend anders stellt sich die Lage heute dar: Seit rund zwei Jahren überbieten sich die IT-Anbieter unterschiedlichster Couleur mit Marketing-Aussagen darüber, wie umweltfreundlich oder kurz wie "grün" ihre IT-Produkte und -Lösungen seien. Dies gilt für die Hersteller von Großrechnersystemen ebenso wie für die Anbieter von Standardservern, Speichergerätschaft, Klimatisierungs- und Kühlungseinrichtungen für Rechenzentren, PCs und deren im Server-based Computing (also in Citrix-Umgebungen) eingesetzte schlanke Alternative, den Thin Clients (TCs), für Anbieter von Druckern und Output-Managementlösungen ebenso wie für Hersteller von Netzwerkkomponenten oder Sicherheitsprodukten. Dieser Marketing-Hype, der zur IT-Leitmesse CeBIT im Frühjahr 2008 vorerst seinen Höhepunkt fand, führte sogar zu solch skurrilen Auswüchsen, dass sich manch ein

Anbieter als Hersteller "grüner" Verschlüsselungslösungen darzustellen versuchte. Dazu muss man wissen, dass Verschlüsselung zwar ein wichtiger und wertvoller IT-Sicherheitsbaustein ist, zugleich aber eben auch rechenaufwändig und somit prinzipbedingt alles andere als "grün". Solche vermarktungsgetriebene Trittbrettfahrerei verunsichert die Verbraucher und schadet damit der Sache einer umweltfreundlicheren Informationstechnik.

Wie aber kam es dazu, dass Energieersparnis, Umweltverträglichkeit und ein nachhaltiger Rechenzentrumsbetrieb heute ihren Weg auf die Agenden zahlreicher IT-Anbieterfirmen wie auch der Anwender gefunden haben? Neben den Privatverbrauchern sehen sich auch Unternehmen heute schließlich in zunehmendem Maße mit Fragen umweltgerechter IT konfrontiert. Dies gilt übrigens nicht nur in Deutschland, wo aufgrund der Grünenbewegung der 1980er-Jahre Umweltbewusstsein Einzug in die Einstellung der breiten Öffentlichkeit genommen hat - und sei es häufig auch nur widerwillig in der Form von Altpapiertrennung und Altglasrecycling. Für IT, die Energie spart und den CO_2-Ausstoß verringert, engagieren sich heute Anbieter aus aller Herren Länder - auch und sogar mit großem Nachdruck und Marketing-Aufwand Anbieter aus den USA, einem Land, das nicht eben für seinen behutsamen Umgang mit Energie und Rohstoffen berühmt ist. Vielmehr waren die USA im internationalen Vergleich mit mit einem Ausstoß von 5800 Millionen Tonnen Kohlendioxid (2006) lange Zeit die Nummer eins unter den Umweltsündern - wenngleich die holländische Umweltforschungsagentur letztes Jahr errechnete, China habe die USA nun überholt.[2] Wie kam es, dass in einem über weite Teile von US-Unternehmen dominierten IT-Markt der Umweltfreundlichkeit von Produkten, Lösungen, Herstellungs- und Entsorgungswegen plötzlich solch ein hoher Stellenwert eingeräumt wird? Dass kaum ein IT-Ausrüster noch ohne Angaben zur Senkung des CO_2-Ausstoßes auszukommen glaubt? Ja, dass man sogar von einem "grünen Chic" in der IT sprechen kann?

1.4 Eskalierender Energieverbrauch

Die Wandlung der IT-Branche vom Öko-Saulus zum Öko-Paulus speist sich vorrangig aus zwei aktuellen Entwicklungen, von denen die eine aber mit Umweltschutz und Nachhaltigkeit erst einmal gar nicht so viel zu tun hat. Denn der erste dieser beiden Trends ist schlicht die sich zuspitzende Lage beim Betrieb großer Rechenzentren. Einige bekannte Analystenhäuser - zum Beispiel Forrester, aber auch Gartner - berichteten ungefähr seit Anfang 2006 von eskalierenden Problemen, auf die einige ihrer Klienten beim Betriebsalltag in ihren Data Centern trafen oder zumindest zu treffen drohten: Manch ein Rechenzentrumsbetreiber bekam allmählich den benötigten Strom nicht mehr in ausreichender Menge in sein RZ

2 "China jetzt offenbar Umweltsünder Nr. 1", Meldung der Süddeutschen Zeitung vom 20.06.07, www.sueddeutsche.de/wissen/artikel/596/119451/

herein- und umgekehrt die durch die Abwärme des IT-Equipments entstehende Hitze nicht mehr hinausbefördert. Laut Berechnungen des Borderstep Institus hat sich der Energieverbrauch deutscher Rechenzentren vom Jahr 2000 bis 2006 mehr als verdoppelt: von 3,98 auf 8,67 Terawattstunden; somit waren RZs im Jahr 2006 für rund 1,5 Prozent des gesamten Stromverbrauchs in Deutschland verantwortlich.[3]

Der Saubermann IT erweist sich plötzlich als veritabler Stromfresser. Und das kam so: In den letzten Jahrzehnten haben die Unternehmen nicht nur immer mehr Geschäftsprozesse auf eine IT-gestützte Basis umgestellt, diese IT-Abläufe wurden zeitgleich auch immer komplexer. Man spricht hier von "Multi-Tier"-Applikationen, also von Anwendungen, die auf mehreren Ebenen (im Englischen "Tiers") von Serverinstanzen aufsetzen, welche alle ineinandergreifen müssen. Nehmen wir als Beispiel den alltäglichen Vorgang einer Onlinebestellung: Ein Webserver muss die Website vorhalten, die der Besucher sieht; da hier in aller Regel mehrere Webserver im Verbund arbeiten, ist diesen ein Lastverteilungsserver (Load Balancer) vorgeschaltet; die Informationen über die bestellbaren Produkte stammen aus einer Datenbank, die wieder eine eigenständige Instanz darstellt; will der Besucher sich für eine Bestellung eintragen, muss er über eine verschlüsselte Verbindung (also über einen SSL-Server) umgeleitet werden; er trägt seine Personen- und Authentifizierungsdaten ein, deren Bestand wieder in einer separaten Datenbank zu verwalten sind; mit diesen Daten erhält er dann Zugriff auf den Online-Shop, an das dann wiederum ein Warenwirtschaftssystem und die Abrechnungsapplikation angeschlossen sind; im Hintergrund laufen dann noch Sicherheitslösungen wie etwa eine Firewall und ein Intrusion-Detection-System zum Aufspüren von Angriffsversuchen; den Verlauf der Produktsuche des Anwenders überwacht eine Click-Track-Applikation; der Versand von Bestätigungen läuft über einen E-Mail-Server; und so weiter und so fort - zur Abbildung eines einzigen Geschäftsprozess sind eine ganze Reihe von Servern erforderlich, von denen viele, wie etwa eine Datenbank, auf jeweils separaten Maschinen laufen oder gar bereits vorinstalliert auf einer eigenen Maschine, als so genannte "Appliance", geliefert werden, wie zum Beispiel eine Firewall.

Die zunehmende Verbreitung solcher Multi-Tier-Infrastrukturen hat dazu geführt, dass in den Serverräumen und Rechenzentren der Unternehmen ein fröhlich eskalierender Wildwuchs der Serverbestände einsetzte. Manch eine IT-Abteilung kam mit den ständigen Neuinstallationen zusätzlich angeforderter Serversysteme kaum mehr nach: Um Schritt halten zu können, installierte man gerne einfach einen - aufgrund der flachen und fast quadratischen Form gerne "Pizza-Box" genannten -

---

3 PD Dr. Klaus Fichter, Borderstep Institut für Innovation und Nachhaltigkeit: "Energiebedarf von Rechenzentren: Trends, Effizienzpotenziale, Zukunftsmärkte", Vortrag auf dem BITKOM Anwenderforum „IT-Infrastruktur & Energieeffizienz", Düsseldorf, 22. November 2007.

Standardserver nach dem anderen in die Server-Racks. Diese Vorgehensweise war möglich und praktikabel, weil Serverrechenleistung dank Standardkomponenten und immer schnelleren Prozessoren inzwischen zum erschwinglichen Allgemeingut geworden war: Rechen-Power wird immer billiger - also her mit Pizza-Boxen!

Dieser rapide anwachsende Zoo von Serversystemen verursachte zunächst einmal ein Platzproblem: So eine Pizza-Box belegt zwar nur eine Höheneinheit im Server-Rack, wenn man aber einmal ein paar Tausend Pizzaschachteln angesammelt hat, dann wird es eben doch allmählich eng im RZ. Die Serverhersteller reagierten auf diese Problemstellung mit den so genannten Blade-Systemen: Einzelne physische Server wurden auf kompakte Einschübe ("Blades" - also "Klingen" wie bei einem Schweizer Taschenmesser) gepackt und in spezielle Chassis geschoben, um die 1:1-Bindung von Server und belegtem Rack-Platz zu lösen. Und so konnten man dann bald zahlreiche Server auf wenigen Höheneinheiten unterbringen. Allerdings hatte diese Konzentration von Rechenleistung den Nebeneffekt, dass diese hochkonzentrierten Blade-Systeme entsprechend heiß liefen. Auch wurden die CPUs parallel dazu immer höher getaktet - damit leistungsstärker, aber ebenfalls wiederum immer heißer. Schließlich wird in der IT praktisch der gesamte zugeführte Strom früher oder später in Wärmeabgabe umgesetzt. Entsprechend mussten diese Rechenzentren auch immer aufwändiger gekühlt werden. Unternehmen installierten aufwändige und teure Klimatisierungsanlagen und Kühlaggregate, um die Raumtemperatur im RZ konstant bei kühlen 18 Grad zu halten - aber Hauptsache, die Systeme liefen problemlos.

1.5 Mikro-Ökosystem RZ

Die immer stärkere Abhängigkeit der Unternehmen von IT-gestützten Geschäftsprozessen ergab also zusammen mit der Verfügbarkeit immer preiswerterer Rechenleistung eine brisante Mischung: Das energieintensive Wechselspiel von Aufhitzung durch leistungsstarke Server und entsprechend aufwändigen Kühlungsmaßnahmen (Fachleute nennen dies gerne "Entwärmung") schaukelte sich hoch. Erschwerend kam hinzu: Diese Standardserver dienten zwar in der Regel nur dem Betrieb einer einzigen Anwendung (so genannte "Single-Purpose"-Server, also Maschinen mit nur einem bestimmten Einsatzzweck) und waren dementsprechend in aller Regel nur zu etwa zehn bis 15 Prozent ausgelastet - leider verbraucht aber ein nur unter Teillast betriebener Server bereits einen beträchtlichen Anteil der Energie, die er unter Volllast ziehen würde. So hat Fujitsu-Siemens Computers (FSC) an einem Beispielsfall vorgerechnet, dass ein "typischer Datenbankserver", der maximal 550 Watt verbraucht, im Produktivbetrieb 400 Watt zieht - im Idle-Modus (also im Leerlauf) immer noch stolze 350 Watt.[4]

4 "Energie-effiziente Infrastrukturen für das Rechenzentrum", Whitepaper von Fujitsu-Siemens Computers und Knürr, Juli 2007.

Ein weiterer erschwerender Umstand: Die Masse der IT-Fachleute konnte sich bislang nicht für solche Berechnungen "erwärmen". Das Thema musste sie auch nicht interessieren: Die Stromversorgung war nicht das Problem der IT-Truppe, sondern der Abteilung für den Gebäudebetrieb oder das Facility-Management. Vor rund zwei Jahren war dann der "Siedepunkt" erreicht, an dem Fachleute wie zum Beispiel Forrester-Analyst Richard Fichera zu warnen begannen, die Hitzeproblematik in den Rechenzentren drohe, aus dem Ruder zu geraten.[5]

Denn Highend-Rechenzentren stießen nun an die Leistungsgrenze ihrer Kühltechnik - und bisweilen sogar an die ihres Stromlieferanten. Rakesh Kumar und John Enck, Mitarbeiter beim Analystenhaus Gartner, rechneten vor, dass der Strombedarf eines dicht bestückten Blade-Server-Racks sogar bei 30 Kilowatt liegen könne - herkömmliche Racks sind aber lediglich auf einen Energiebedarf von zwei bis drei Kilowatt ausgelegt.[6] Kumar und sein Kollege Will Cappelli postulierten deshalb Ende 2006: "Ein umweltbewusstes Management des Energieverbrauchs wird eine fundamentale Aufgabe für die Infrastruktur- und Betriebsorganisationen in den Unternehmen werden."[7]

Dabei gab es früher einmal eine Zeit, in der Unternehmen durchaus sehr auf den Energieverbrauch ihrer Rechnersysteme achten mussten. Die Rede ist von jener grauen Vorzeit der Informationsverarbeitung, von der die Altvorderen in den IT-Abteilungen immer so gerne nostalgisch schwärmen: von der Zeit, in der die IT noch "elektronische Datenverarbeitung", kurz "EDV" hieß, der Zeit der Großrechner, auch "Mainframes" genannt, die ganze Räume füllten. Der Laie kennt diese geheimnisvollen Rechenmonster heute nur noch aus Agentenfilmen: Sie füllten im CIA-Hauptquartier mit ihren wild blinkenden Lämpchen und sich beständig - oder bedrohlich? - drehenden Magnetbandspulen wandschrankgroß den Bildhintergrund, während vorne kompetente, aber gestresste Agenten beratschlagten, wie man den bösen Russen in letzter Minute abwehren konnte. Solche Mainframes liefen mitunter so heiß, dass man sie mit Wasser kühlen musste (welches Wärme viel besser leitet als Luft) - ein Verfahren, das Fachleute wie Kumar und Enck nun auch für extrem heiße, weil dicht gepackte Server-Racks, so genannte "Hot Spots", wieder in die Diskussion gebracht haben.[8]

Mainframes waren (und sind) extrem kostspielige Anlagen: Großrechnerprozessoren waren teuer - entstammten sie doch die Zeit vor der global verteilten Massen-

---

5 R. Fichera, "Power and Cooling Heat Up the Data Center", Forrester, März 2006.

6 R. Kumar, J. Enck, "Guidelines for Dealing with Data Center Power and Cooling Issues", Gartner Group, Oktober 2006.

7 R. Kumar, W. Cappelli, "Energy Consumption Is the Fourth Dimension of Application and Infrastructure Monitoring", Gartner Group, Dezember 2006.

8 R. Kumar, J. Enck, ibid.

fertigung preiswerter Intel- oder AMD-CPUs; Arbeitsspeicher (RAM) war teuer, Datenmassenspeicher war teuer, und da die Geräte groß und unhandlich waren, ging auch der Materialaufwand und die Logistik ins Geld. Entsprechend bemühte man sich, soweit es zum Beispiel durch systemnahe Programmierung der Software möglich war, um die maximale Ausnutzung der Rechenboliden. Die Auslastung eines Mainframe-Prozessors kann gut und gerne jenseits der 90 Prozent liegen - eine ganz andere Liga der Effizienz als die der Standard-Single-Purpose-Maschinen, die sich mit ihren Aufgaben oft praktisch "langweilen", aber trotzdem fleißig Strom fressen.

1.6 Klimawandel

Der jahrzehntelange bedenkenlose Einsatz billiger, aber energiewirtschaftlich ineffizienter Massenmarkttechnik rächt sich heute. So stellte der erwähnte Forrester-Analyst Richard Fichera schon im Frühjar 2006 fest: "Gestiegene Mengen sehr heißer Luft haben im Rechenzentrum eine Mikroversion der globalen Klimaerwärmung geschaffen."[9] Mit dieser prägnanten Formulierung verweist Fichera auf die zweite wichtige Quelle, aus der sich das wiedererwachte Interesse an energieeffizienter IT speist: den Klimawandel. Die sich abzeichnende Erwärmung des Weltklimas ist offenbar dem global gestiegenen Ausstoß von CO_2 und anderen Treibhausgasen geschuldet und somit durch den hemmungslosen Raubbau des Menschen an seinen Ressourcen und fossilen Brennstoffen verursacht. Dies war jahrelang umstritten und wurde von einschlägigen Interessensverbänden als bloße Hypothese einiger weniger Klimaforscher abgetan. Inzwischen aber hat sich die zu erwartende Klimaerwärmung - einschließlich der Erkenntnis, dass offenbar erstmals der Mensch das globale Ökosystem in diesem Ausmaß beeinflusst - als aktueller Stand der wissenschaftlichen Forschung durchgesetzt.

Diese Entwicklung hat in den Massenmedien für erheblichen Wirbel gesorgt und die Wahrnehmung klimarelevanter Fragen durch die interessierte Öffentlichkeit geschärft (wenngleich noch nicht zu nennenswerten Verhaltensänderungen geführt). In den USA hat insbesondere der Ex-Vizepräsident, Ex-Beinahepräsident und Umweltaktivist Al Gore mit seinem "Ein-Mann-Kreuzzug" zur Aufklärung der Weltöffentlichkeit über die Ursachen und Gefahren des Klimawandels zur verstärkten Wahrnehmung dieser Problematik beigetragen, nicht zuletzt durch den Erfolg seines Oscar-gekrönten Dokumentarfilms "An Inconvenient Truth". Eines legte der gewandte Aufklärer Gore eindringlich dar: Anders als bei der früheren Ökobewegung (die es auch in den USA gab) geht es diesmal nicht nur um Natur-, Tierwelt- oder Pflanzenschutz, die man mit der Einrichtung eines Naturschutzgebiets abhaken könnte, sondern um das grundlegende Problem, dass der Mensch auf dem besten Wege ist, sein eigenes Habitat nachhaltig zu schädigen. Weltweit

9 R. Fichera, ibid.

trägt die IT-Infrastuktur dabei laut Berechnungen von Simon Mingay, Research Vice President bei Gartner, rund zwei Prozent zum Gesamt- CO_2-Ausstoß bei.[10] Dies klingt nicht nach viel - "nur zwei Prozent", mag man nun denken. Aber es geht hierbei um zwei Prozent sämtlicher Volkswirtschaften dieser Erde. Sehr anschaulich ist hier der immer wieder zitierte Vergleich mit der Luftfahrtindustrie, deren CO_2-Ausstoß ebenfalls bei rund zwei Prozent liegt, und die deshalb als ausgemachte Umweltsünderin gilt. Die Informationstechnik hat also nun ein gewaltiges Imageproblem.

Die IT-Industrie - flexibel und innovationsfreudig, wie sie ist - griff diese neuen Schwerpunkte der öffentlichen Diskussion schnell auf und ließ sie in ihre Produkt- und Marketing-Strategien einfließen. Besonders hervorgetan hat sich dabei der US-amerikanische IT-Gigant IBM - nicht zu unrecht, kann der Konzern doch als führender Mainframe-Produzent auf eine lange Historie im Ringen um möglichst energieeffiziente Rechnersysteme verweisen. Aber auch zahlreiche andere IT-Anbieter griffen das Thema nun auf - vor allem US-Firmen, und diese dann natürlich mit der bekannten amerikanischen Überschwänglichkeit. So hat sich zum Beispiel der Server- und PC-Hersteller Dell - anders als IBM rein auf den Vertrieb von Standard-Industriegeräten fokussiert - auf die Fahnen geschrieben, der erste namhafte IT-Hersteller zu werden, der eine CO_2-neutrale Energiebilanz aufweisen kann (der also Strom aus erneuerbarer Quelle bezieht und den eigenen Treibhausgasausstoß durch so genannte "Offset"-Maßnahmen wie Finanzhilfen für Wiederaufforstungsprojekte ausgleicht - eine Art moderner Ablasshandel, der zunehmend populär wird). Laut eigenen Angaben hat das Unternehmen sein Klimaziel inzwischen vorzeitig erreicht.[11]

Dass manche Unternehmen wie zum Beispiel Fujitsu, vormals FSC - über die ehemalige Siemens-Beteiligung bis zur Trennung ein zumindest teilweise deutscher Computerhersteller - längst Energiespar-PCs im Sortiment führten, ging angesichts des nun einsetzenden Marketing-Hypes schon fast unter. Gleiches gilt für den Umstand, dass sich die international tätigen IT-Konzerne - wie alle Multinationals, die ein Image und eine Marke zu verteidigen haben - teils schon seit Jahrzehnten im Rahmen so genannter CSR-Initiativen (Corporate Social Responsibility) auch zu Umweltschutzzielen verpflichtet hatten.

1.7 Green IT

Ihr neu- beziehungsweise wiedererwecktes Energiebewusstsein hat die IT-Industrie mit dem griffigen Label "Green IT" versehen. Dieses - mal mehr, mal

---

10 "Gartner Estimates ICT Industry Accounts for 2 Percent of Global CO2 Emissions", Pressemitteilung von Gartner, 26. April 2007

11 "Dell ist CO_2-neutral", Pressemitteilung von Dell, 6. August 2008

weniger nachprüfbare - Gütesiegel klebt die Anbieterschar nun auf eine sehr umfangreiche Palette von Produkten und Lösungen - in manchen Fällen ist dies ein plumper, augenfälliger Marketing-Schachzug, in vielen anderen Fällen aber durchaus nachvollziehbar, nützlich und glaubhaft. Denn nachdem die Branche nun die Energieeffizienz für sich entdeckt hat, fand sie auch schnell zahlreiche Ansatzpunkte, um IT-Infrastrukturen tatsächlich wirschaftlicher, energieeffizienter und damit umweltschonender und CO_2-ausstoßärmer zu betreiben.

Rechenzentrumsplanung

Der umfangreiche Katalog "grüner" Maßnahmen setzt schon bei der RZ-Planung an: Wie beschrieben sind viele der heutigen Serverräume und Rechenzentren "historisch gewachsen": Man hat oft nach Bedarf stückweise angebaut, ohne dass ein umfassendes Belüftungs- und Entwärmungskonzept zugrunde gelegen hätte. Laut Experten sind die Server in vielen Racks so positioniert, dass die Kühlluft nicht richtig zirkulieren kann, sodass manche Server zu Kühlungszwecken bereits erhitzte Luft ansaugen; auch muss manch ein Lüftungsschacht als Kabelschacht herhalten, sodass der Luftstrom verwirbelt oder blockiert wird und deshalb viel zu wenig Kaltluft ihr Ziel erreicht. Große RZ-Ausrüster wie IBM und Hewlett-Packard (HP), aber auch Spezialanbieter für RZ-Planung und -Betrieb bieten hierzu inzwischen Services für die Kühlungssimulation und -planung an und versprechen damit Energiekostenersparnisse bis weit in den zweistelligen Prozentbereich. Anbieter von Serverschränken und von Kühlanlagen führen Lösungen, um durch die Trennung von heißen und kalten Gängen sowie die gezielte punktuelle Kühlung der Hot Spots die Stromkosten im RZ zu reduzieren. Fachleute berichten aber auch, dass teils schon das Montieren einfacher Blenden an leerstehenden Slots der Server-Racks durch das Vermeiden von Luftvermischung und -verwirbelung die Kühlkosten deutlich senken kann. Außerdem ist die verbreitete RZ-Raumtemperatur von 18 Grad viel zu niedrig und damit zu kühlungsintensiv, haben Schweizer Forscher doch schon 2004 dargelegt, dass ein RZ auch bei 26 Grad Celsius schadlos seinen Dienst verrichten kann.[12]

Selbstverständlich vergisst heute kein IT-Hersteller zu erwähnen, dass seine neuen Server, PCs, Speichersysteme, Switches etc. viel stromsparender arbeiten als ihre Vorgänger oder gar das Equipment der Konkurrenz. Dies ergibt sich zum Beispiel bei den Servern durch Verbesserungen wie sparsamere Multi-Core-Prozessoren, ausgeklügeltere Lüftungseinrichtungen oder Power-Management-Software. Jenseits eines Hardwareaustauschs existieren aber noch eine Reihe weiterer interessanter Ansätze, um den Stromverbrauch im RZ oder Serverraum zu drosseln. Die wohl am häufigsten angeführte, weil zu Stromsparzwecken erstaunlich effektive, wenngleich rein taktische Maßnahme ist die Servervirtualisierung.

12 "26°C in EDV-Räumen - eine Temperatur ohne Risiko", Merkblatt des Schweizer Bundesamts für Energie, Juni 2004.

Virtualisierung

Virtualisierung bedeutet den Abschied von den Single-Purpose-Maschinen, den Abschied von der 1:1-Zuordnung von Serverinstanz zur darunter arbeitenden Hardware. Lösungen wie die von Virtualisierungsprimus VMware, von Citrix, Microsoft, Sun und anderen ziehen eine Softwareschicht zwischen den Server und die Hardware. VMware und Co. gaukeln dem Server dann vor, er habe die gesamte Hardware für sich allein zur Verfügung, während in Wirklichkeit acht, zehn, zwölf oder noch mehr virtualisierte Serverinstanzen auf einer (entsprechend stark mit Arbeitsspeicher bestückten) Maschine laufen. Dies erlaubt in der Folge eine Konsolidierung des Serverparks um einen entsprechend hohen Faktor - mit der logischen Konsequenz niedrigeren Stromverbrauchs für den Serverbetrieb wie auch für die ungefähr ebenso stromfressende Klimatisierung und Kühlung. Taktisch (statt strategisch) ist diese Maßnahme deshalb, weil sie zwar einen schnellen Erfolg ermöglicht, aber in dieser Form nur einmal so umsetzbar ist. Unternehmen mit virtualisiertem Serverbestand müssen ihre Serverprovisionierung strategisch steuern und damit dagegen ankämpfen, dass ihre virtualisierten Instanzen sich in Kürze ebenso rapide vermehren wie zuvor die physischen Server.

Datenspeicherung

Viel Energie verschlingt auch der Bereich der Datenspeicherung, da sich die Datenbestände in den Unternehmen dank der vielen IT-gestützten Geschäftabläufe und immer neuen Daten-Pools samt Sicherungskopien dramatisch aufgebläht haben. Hier ist ebenfalls gerade eine taktische Maßnahme en vogue: die Deduplizierung. Hierfür zerlegt eine spezielle Software die zu speichernden Dateien in viele Einzelblöcke und ersetzt sich wiederholende Bitmuster durch Verweise auf den einen gespeicherten Block. Auf diese Weise lassen sich umfangreiche Archiv- oder Backup-Datenbestände ähnlich drastisch eindampfen wie die Serveranzahl durch Virtualisierung. Allerdings kann eine Deduplizierung nicht grundlegende Erwägungen ersetzen, welche Daten auf welche Weise vorgehalten und wie lange sie archiviert werden sollen (zum Beispiel um regulatorischen Vorgaben zu genügen) - und welche eben nicht. Eine richtliniengesteuerte Kontrolle über die Daten im Unternehmen (Information-Lifecycle-Management) ist die einzige tatsächlich wirksame strategische Maßnahme gegen die wundersame Datenvermehrung, die häufig zu beobachten ist.

Drucker

Die Diskussion um Energiesparmaßnahmen konzentriert sich häufig auf Rechenzentren, da hier die Probleme am offensichtlichsten und die Einsparpotenziale am besten erkennbar sind. Doch auch auf die Endanwenderseite verschwenden viele Unternehmen Energie und Ressourcen in großem Stil. Zum einen drucken viele Unternehmensmitarbeiter bedenkenlos Dokumente - auch wenn dies nicht wirklich nötig und damit reine Papierverschwendung ist. Oft genug bleiben ganze Papierstapel unbeachtet im Ausgabeschacht eines Druckers liegen, ohne dass sie jemand vermissen würde. Fachleute raten deshalb zu einem unternehmensweiten Output-Management. Ein solches Output-Management umfasst Unternehmensrichtlinien, die Mitarbeiter anleiten, mit der Ressource Papier und dem Prinzip Ausdrucken sparsam zu wirtschaften, ebenso wie IT-gestützte Maßnahmen wie zum Beispiel Abteilungsdrucker mit voreingestelltem Duplexdruck, die einen Druckauftrag erst beim Einstecken einer Kennungskarte - also in Anwesenheit des Endanwenders - tatsächlich ausgeben.

Desktops

Viel Energie verpufft auf der Anwenderseite ungenutzt, weil Unternehmen nach wie vor auf der Client-Seite vorrangig auf "fette Clients" (PCs) setzen, die für die banalen Alltagsaufgaben einer Büroumgebung hoffnungslos "übermotorisiert" sind und deshalb Energie unnötig verheizen. Die CPU-Hersteller sind inzwischen um Prozessoren bemüht, die nicht so heiß laufen wie noch vor wenigen Jahren, zudem liefern Windows XP und Vista die Möglichkeit, Stromspareinstellungen zu aktivieren - was freilich viele Endanwender nur bei Notebooks nutzen, um hier die Batterielaufzeit zu verlängern. Stromspareinstellungen lassen sich mit speziellen Client-Management-Lösungen aber auch von zentraler Stelle an die Anwender verteilen und somit als Default-Einstellungen vorgeben.

Thin Clients

Eine Alternative zum Fat-Client-Computing ist das Server-based Computing (SBC) mit sparsameren Endgeräten. Beim SBC laufen die Anwendungen im RZ - mit allen genannten Möglichkeiten der Energieoptimierung. Bei einem neuen, konkurrierenden Ansatz der Zentralisierung, der Client-Virtualisierung (Virtual Desktop Infrastructure, VDI) werden ganze Client-Rechner als virtuelle Instanzen im RZ gehostet. Da somit die Endanwender-Hardware viel weniger Rechenleistung erbringen muss, kann man in vielen Fällen auf der Client-Seite kleinere, effizientere und somit energiesparendere Endgeräte - so genannte Thin Clients (TCs) - statt PCs einsetzen. Eine derart zentralisierte Client-Architektur schafft nicht nur Verwaltungs-, Sicherheits- und Kostenvorteile, sondern spart auch in erheblichem Maße Strom, obwohl man entsprechend leistungskräftigere Server einsetzen muss als in Fat-Client-Szenarien. Zumindest für SBC-Szenarien hat das Fraunhofer Institut Umwelt-, Sicherheits- und Energietechnik (Umsicht) schon Ende 2006 deutliches Sparpotenzial nachgewiesen (für VDI stehen solche Berechnungen noch aus).[13] Auch die Herstellung und globale Vetriebslogistik der Thin Clients schneidet im Vergleich zu denen von PCs laut Fraunhofer Umsicht deutlich besser ab, da die Geräte kompakter und bauteilärmer sind und somit deutlich weniger Material zu verarbeiten, zu transportieren und zu entsorgen ist. Die Entsorgung beziehungsweise das Recycling von Elektroschrott ist ein riesiges und enorm komplexes

13 Fraunhofer Umsicht, "Ökologischer Vergleich von PC und Thin Client Arbeitsplatzgeräten", Dezember 2006. Vgl. auch die Beiträge in diesem Buch.

Problem, das die IT-Industrie zwar gemäß einschlägiger gesetzlicher Vorgaben abhandelt, das aber dennoch in Zukunft noch weitreichende Nachwirkungen mit sich bringen dürfte.

Netzwerkkomponenten

Im Unternehmen gibt es aber noch weitere interessante Facetten der Energieoptimierung. So arbeiten die Hersteller von Netzwerkgeräten in den einschlägigen Arbeitsgruppen des Institutes of Electrical and Electronics Engineers (IEEE) unter dem Namen Energy-Efficient Ethernet (EEE) an Maßnahmen, die netzwerkbasierte Kommunikation sparsamer zu gestalten. Zu den Maßnahmen zählen beispielsweise Mechanismen, mit denen die Switches die Länge des angeschlossenen Ethernet-Kabels ermitteln und die Signalstärke entsprechend anpassen können, oder aber Mechanismen, um zu erkennen, mit welcher Bandbreite die Gegenstelle kommuniziert, um zum Beispiel einen Ethernet-Switch-Port von 10 GBit/s auf das sparsamere Level von 1 GBit/s zu drosseln und erst bei Bedarf dynamisch wieder hochzufahren.

Outsourcing und Outtasking

Ein Aspekt schließlich, der noch nicht ausreichend Beachtung findet, ist die Frage, in welchem Maße Unternehmen durch Outsourcing oder Outtasking von IT-Prozessen auch umweltfreundlicher wirtschaften können. Schließlich können die riesigen Megarechenzentren, die zur Zeit vielerorts entstehen, durch Skaleneffekte ihr IT-Equipment potenziell besser auslasten. Diese Mega-RZs entstehen derzeit bevorzugt in der Nähe von Wasserkraftwerken, in den USA zum Beispiel am Columbia River. So kann ein RZ-Betreiber mit "regenerativer Energie" werben - was aber nicht automatisch heißt, dass er angesichts der Verfügbarkeit sicherlich billig eingekauften Stroms auch wirklich umweltgerecht mit diesem Strom haushalten wird. Die Gefahr, dass diese Mega-Data-Center künftig eher umweltschädlich als "grün" sein werden, ist also durchaus real.

Mittelfristig wird es für Rechenzentren wichtig werden, per Evaluierung und Zertifizierung nachweisen zu können, dass sie Energieeffizienz- und Umweltstandards einhalten. Denn erstens wollen Unternehmen verständlicherweise bestätigt sehen, dass ihre IT-Abläufe und -Infrastrukturen dem Stand der Technik entsprechen, nicht zuletzt, um ihre Energiekosten dauerhaft zu senken. Zweitens wollen sie diese Einschätzung auch glaubhaft vermitteln– so zum Beispiel gegenüber kritischen Verbrauchern oder Auftraggebern, deren CSR-Richtlinien umweltgerecht wirtschaftende Lieferanten vorsehen. Erste Ansätze zu solchen Zertifikaten gibt es inzwischen. So hat der Zertifizierungsdienstleister Dekra Certification in Zusammenarbeit mit dem in Green-IT-Fragen stark engagierten Analystenhaus Experton Group ein Verfahren entwickelt, um die technische Umsetzung von Green-IT-Aktivitäten sowie zugehörigen Managementprozessen zu zertifizieren. Ziel dieser Maßnahme ist der herstellerunabhängige Nachweis eines energie- und umweltfreundlichen IT-Betriebs. An ähnlichen Bewertungsmaßstäben arbeitet auch der

ITK-Branchenverband BITKOM, der auch schon einen nützlichen Leitfaden zur Energieeffizienz im RZ vorgestellt hat.[14]

1.8 Ökologie und Ökonomie

Auf dem Green-IT-Gipfel des Bundesumweltministeriums und BITKOM Anfang 2008 in Berlin begrüßte Dennis Pamlin, ein Sprecher der Umweltschutzorganisation World Wildlife Fund (WWF) die anwesenden Vertreter der IT-Industrie mit der pointierten Bemerkung: "Sie haben die moralische Verpflichtung, viel Geld zu verdienen." Sein Argument: Die IT-Branche sollte aufhören, über ökologische Mängel der eigenen Produkte zu jammern, und sich stattdessen auf das rund zehnmal größere Energieeffizienzpotenzial konzentrieren, das sich durch den Einsatz von IT in anderen Produktions- und Dienstleistungsbereichen ausschöpfen lässt. Um an dieser Stelle nur noch ein Beispiel zu nennen: Die Anbieter von Videokonferenzsystemen wie Cisco, Nortel oder Polycom werden nicht müde zu betonen, wie viele Flugmeilen, Reisekosten und eben auch Emissionen sich jährlich einsparen ließen, wenn global operierende Unternehmen auch nur einen Teil ihrer Meetings über IP-basierte Videokonferenzen oder so genannte Telepresence-Systeme abhalten würden. Das Potenzial für IT-gestütze Optimierung von Geschäftsprozessen ist in der Tat - wie schon eingangs dargelegt - enorm.

Schade ist allerdings, dass WWF-Vertreter Pamlin dieses an sich nützliche Argument gerade zu einem Zeitpunkt vorbrachte, als die IT-Industrie erstmals in ihrer Geschichte einen kritischen Blick auf ihren eigenen Energieverbrauch warf. Die gute Nachricht: Die beiden Ansätze müssen sich in keiner Weise gegenseitig ausschließen. Man kann einerseits Wirtschaftsprozesse durch intelligente IT-Unterstützung optimieren und damit auch in der Umweltbilanz verbessern, andererseits durch unterschiedlichste Maßnahmen wie die oben angerissenen die Unternehmens-IT ebenfalls im Hinblick auf Energieverbrauch und Umweltverträglichkeit optimieren.

Der direkte Vorteil für die Unternehmen liegt in dem offensichtlichen Umstand, dass die Senkung des Energiebedarfs zugleich eine Kostenreduktion mit sich bringt. Hier können ökonomischer Eigennutz und ökologische Notwendigkeit durchaus reizvoll zusammenspielen. Genügend vielversprechende Ansätze und Maßnahmenkataloge sind vorhanden. Die Anbieterschaft - auch sie natürlich nicht ohne eigennützige Hintergedanken - steht in den Startlöchern, ihre Kunden mit entsprechender Hardware, Software und Dienstleistungen zu versorgen.

Gartner-Analyst Rakesh Kumar empfiehlt Unternehmen generell drei wichtige erste Schritte in Richtung Green IT: Power-Management für Client-PCs einzufüh-

---

[14] BITKOM (Hg.): "Energieeffizienz im Rechenzentrum: Ein Leitfaden zur Planung, zur Modernisierung und zum Betrieb von Rechenzentren", Berlin 2008.

ren, durch Virtualisierung eine Konsolidierung der Serverbestände einzuleiten sowie die Klimatisierung und Kühlung im Rechenzentrum einer kritischen Prüfung zu unterziehen. Vor allem aber gilt nun: CEOs und Geschäftsführer müssen den finanziellen Druck an die IT-Abteilungen durchreichen und der IT-Abteilung die Budgetverantwortung für ihren Energieverbrauch zuschlagen. Denn die IT-Truppe muss ein finanzielles Eigeninteresse am sparsamen Umgang mit Energie bekommen. Derartige Energieersparnis ist im finanziellen Interesse jedes Unternehmens. Und wenn man es geschickt anstellt, hat man durch IT-gestützt optimierte Geschäftsabläufe und den Einsatz stromsparender IT auch der Umwelt Gutes getan.

TEIL B:

Technologische Grundlagen

2 Energieeffizienz im Rechenzentrum

Von Dr. Ralph Hintemann und Holger Skurk

Dr. Ralph Hintemann ist Senior Researcher am Borderstep Institut für Innovation und Nachhaltigkeit gGmbH.

Holger Skurk, ist Bereichsleiter IT-Infrastruktur & Digital Office des BITKOM und leitet dort diverse Arbeitskreise.

2.1 Einführung in das Kapitel[1]

2.1.1 Überblick

In den stark automatisierten, arbeitsteiligen Wirtschaftsystemen der Industrienationen ist die eine effiziente und zuverlässige zentrale Informationstechnik (IT) der Unternehmen entscheidend für den Geschäftserfolg. Immer mehr Unternehmensabläufe werden durch die IT unterstützt. Vielfach ist es sogar nur noch durch die umfassende IT-Unterstützung der Geschäftsprozesse möglich, im globalen Wettbewerb erfolgreich zu sein. Die installierte Rechenleistung in modernen Unternehmen steigt dabei ständig an. Neue und verbesserte Anwendungen und Programm-Features erfordern leistungsfähige Server. In den Rechenzentren kleiner und mittlerer Unternehmen sind heute Rechenleistungen installiert, die vor wenigen Jahren ausschließlich einigen Großunternehmen vorbehalten waren. Diese im Grundsatz positive Entwicklung kann aber auch zu hohen Strom- und Kühlleistungen in Rechenzentren führen. Damit stellen sich neue Herausforderungen an die Planung, Ausführung und den Betrieb einer IT-Infrastruktur.

Durch den Einsatz moderner Technologien ist es heute möglich, den Energiebedarf eines Rechenzentrums deutlich zu reduzieren. Damit sind gleich mehrere Vorteile verbunden:

---

1 Dieses Kapitel gibt in verkürzter Form den Inhalt des BITKOM-Leitfadens „Energieeffizienz im Rechenzentrum" wieder. Dieser Leitfaden steht auf der BITKOM-Webseite zum kostenfreien Download zur Verfügung.

- Die Betriebskosten eines Rechenzentrums sinken in beträchtlichem Umfang. Die Energiekosten machen einen hohen Anteil an den Gesamtkosten der IT aus., teilweise sind sie, über die Nutzungsdauer gesehen, bereits höher als die Anschaffungskosten für die Hardware. Deshalb zahlen sich Investitionen zur Energieeinsparung schnell aus: Für Maßnahmen zur Steigerung der Energieeffizienz in Rechenzentren sind Amortisationszeiten von ein bis zwei Jahren typisch; zum Teil rechnen sich die Investitionen auch schon nach wenigen Monaten.
- Vielfach stößt der Strom- und Kühlleistungsbedarf eines Rechenzentrums an Grenzen, die durch die vorhandene Infrastruktur oder auch den Energieversorger vorgegeben sind. Eine Verbesserung der Energieeffizienz hilft hier, dass diese Grenzen nicht erreicht werden und so teure Investitionen vermieden werden können.
- Mit Blick auf die gesellschaftliche Verantwortung eines Unternehmens ist eine Reduktion des Energiebedarfs seines Rechenzentrums und den damit verbundenen positiven Umweltauswirkungen eine Investition in die Zukunft.

In diesem Kapitel werden praktische Hinweise gegeben, wie bei der Planung, Implementierung und beim Betrieb eines Rechenzentrums moderne Technologien eingesetzt werden können, um die Energieeffizienz deutlich zu erhöhen. Und dies bei insgesamt sinkenden Kosten: Praktische Erfahrungen zeigen, dass Einsparung bei den Gesamtkosten eines Rechenzentrums (Planung, Bau, Ausstattung, Betrieb) in der Größenordnung von 20 % und mehr möglich sind. Die Hinweise beziehen sich sowohl auf die Neuplanung eines Rechenzentrums als auch auf die Modernisierung vorhandener Infrastrukturen.

2.1.2 Entwicklung des Energiebedarfs von Rechenzentren

Die Informations- und Telekommunikationstechnik (ITK) ist ein bedeutender Faktor für moderne Volkswirtschaften: Allein in Deutschland ist die Bruttowertschöpfung der Branche seit Mitte der 90er Jahre um fast 50 % gewachsen.[2] Sie ist heute höher als die der Automobilindustrie und des Maschinenbaus. Im Jahr 2008 hatte der ITK-Markt laut einer Erhebung des BITKOM in Deutschland ein Volumen von rund 145 Milliarden Euro. In der Branche sind rund 800.000 Angestellte und Selbstständige tätig, zusätzlich arbeiten fast eine Million ITK-Fachkräfte in anderen Branchen. Gleichzeitig ist die ITK-Branche einer der Hauptmotoren des Wirtschaftswachstums. In den Anwenderbranchen erhöhen ITK-Investitionen die Arbeitsproduktivität und ermöglichen maßgebliche Produkt- und Prozessinnovationen.

---

[2] Vgl. BITKOM - Bundesverband Informationswirtschaft, Telekommunikation und neue Medien e.V. Roland Berger (Hrsg.): Zukunft digitale Wirtschaft, Berlin 2007, S. 5.

Diese sehr positive Entwicklung hatte in der Vergangenheit aber auch zur Folge, dass der Energiebedarf der ITK kontinuierlich angestiegen ist. In einer Studie[3] für das Bundesumweltministerium schätzt das Borderstep-Institut, dass sich der Energiebedarf von Rechenzentren in Deutschland im Zeitraum von 2000 bis 2008 um den Faktor 2,5 erhöht hat. Mit einem Stromverbrauch von 10,1 TWh im Jahr 2008 sind sie für 1,8 % des Gesamtstromverbrauchs verantwortlich. Bedingt durch die gestiegenen Strompreise haben sich die Stromkosten von Rechenzentren sogar von 251 Mio. Euro auf 1,1 Mrd. Euro mehr als vervierfacht. Setzt sich diese Entwicklung fort, werden sich die Stromkosten in den nächsten fünf Jahren noch einmal verdoppeln.

Die Studie zeigt aber auch auf, dass über den Einsatz von modernen Technologien trotz weiter steigender IT-Leistung die Entwicklung umgekehrt werden kann: Bei Einsatz von State-of-the-Art-Technologien könnte in den nächsten fünf Jahren der Gesamtstromverbrauch von Rechenzentren um fast 40 % reduziert werden. Trotz steigender Strompreise ließen sich damit die Stromkosten der Rechenzentren insgesamt wieder reduzieren.

---

3 BMU - Bundesministerium für Umwelt, Naturschutz und Reaktorsicherheit (Hrsg.): Energieeffiziente Rechenzentren. Best-Practice-Beispiele aus Europa, USA und Asien, Berlin 2008.

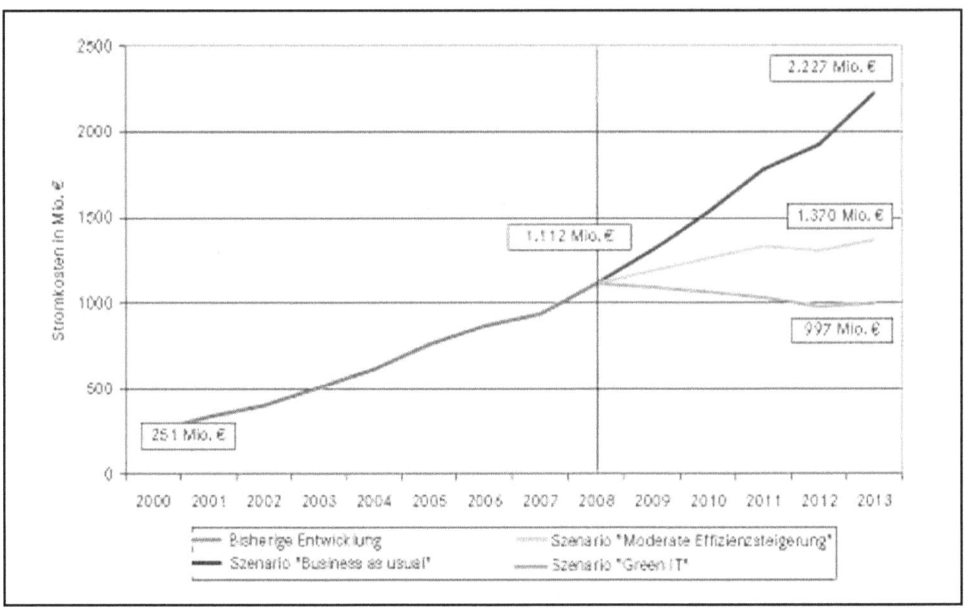

Abbildung 2-1: Entwicklung der Stromkosten im Rechenzentrum[4] (Quelle: Borderstep)

2.1.3 Energieverbraucher in Rechenzentren

Eine Analyse der Geräte im Rechenzentrum zeigt, dass durchschnittlich nur ca. die Hälfte des Energieverbrauchs durch die eigentliche IT bedingt ist. Die andere Hälfte verbraucht die zusätzlich benötigte Infrastruktur wie zum Beispiel Klimatisierung und Unterbrechungsfreie Stromversorgung (USV). Abbildung 2-2 zeigt die Aufteilung des Energieverbrauchs in den USA in den Jahren 2000 bis 2006. Auf Seiten der IT sind die Zuwächse im Energiebedarf vor allem auf die starke Zunahme im Bereich Volume Server zurückzuführen. Durch die stark ansteigenden Datenmengen ist auch der Energiebedarf des Speicherbereichs sehr deutlich gewachsen und liegt heute in der Größenordnung von 15 % des direkt durch die IT benötigten Energiebedarfs.

4 Quelle: Fichter, Klaus: Energieverbrauch und Energiekosten von Servern und Rechenzentren in Deutschland - Trends und Einsparpotenziale bis 2013, Borderstep Institut, Berlin 2008.

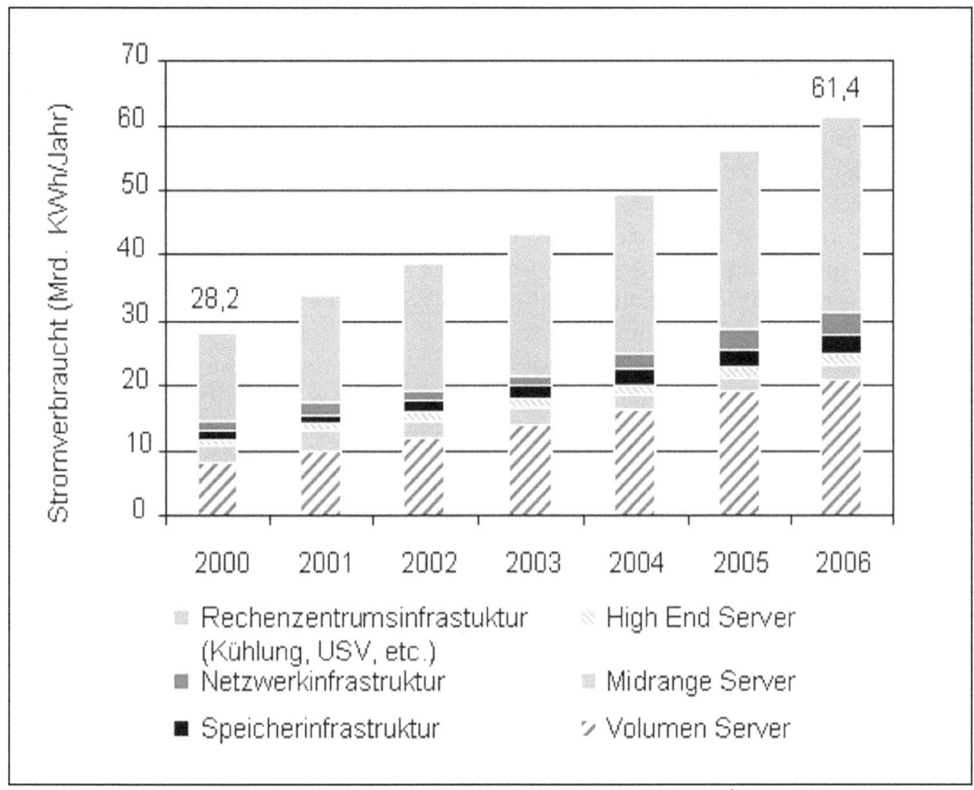

Abbildung 2-2: Entwicklung des Energieverbrauchs in Rechenzentren – Anteile der einzelnen Verbraucher[5]

2.1.4 Herausforderungen für Planung und Betrieb von Rechenzentren

Die beschriebenen Entwicklungen führen zu großen Herausforderungen für Unternehmen bei der Planung und beim Betrieb ihrer Rechenzentren. Die Leistungsdichten in den Rechenzentren haben sich sehr stark erhöht. Allein der durchschnittliche Pro-Rack-Energieverbrauch hat sich in den letzten drei Jahren verdreifacht. Für IT-Verantwortliche und Facility-Manager stellen sich vor allem folgende Herausforderungen:

- Kann die benötigte Gesamtleistung sichergestellt werden? Gerade in Ballungsräumen können die Energieversorger die hohen Leistungen teilweise

[5] Quelle: US EPA (U.S. Environmental Protection Agency, Energy Star Program): Report to Congress on Server and Data Center Energy Efficiency, Public Law 109-431; 2007

nicht mehr bereitstellen. Welche Möglichkeiten gibt es also, den Energiebedarf zu verringern?

- Wie kann die entstehende Wärme aus dem Rechenzentrum wieder herausgeleitet werden? Reicht die existierende Klimatisierungstechnik aus und/oder wie kann sie den Anforderungen entsprechend optimal ergänzt oder modernisiert werden, um so zusätzlich Energie einzusparen? Gibt es Möglichkeiten zur Nutzung der Abwärme, zum Beispiel zur Gebäudebeheizung?
- Wie kann optimal mit den zum Teil sehr hohen Leistungen in einzelnen Racks umgegangen werden? Es gibt bereits Racks, in denen eine Gesamtleistung von 30 kW oder mehr installiert ist. Wie können Hot-Spots vermieden oder optimal gekühlt werden?
- Wie können Investitionsentscheidungen so gefällt werden, dass die Gesamtkosten (TCO – Total Cost of Ownership) minimiert werden? Insbesondere müssen neben den Kosten für Hardware, Planung, Implementierung und Management auch die Energiekosten in die Berechnung einbezogen werden.

Die folgenden Abschnitte bieten eine Hilfestellung bei der Bewältigung dieser Herausforderungen. Dabei werden zunächst Hinweise zur Messung von Energiebedarf und Temperaturen gegeben, bevor die Energieeinsparpotenziale in der IT, in der Klimatisierung und in der Stromversorgung dargestellt werden. Abschließend wird kurz erläutert, welche Potenziale zur Kosten- und Energieeinsparung durch Energy Contracting bestehen.

2.2 Messung von Energiebedarf und Temperaturen

2.2.1 Überblick

Was nicht gemessen wird, kann nicht optimiert werden. Hier besteht Nachholbedarf bei vielen Rechenzentren. Viele Unternehmen wissen nicht, wie groß der Anteil der IT am Gesamtenergieverbrauch ist. Dabei ist dieser Kostenfaktor erheblich: In einigen Bereichen, z.B. bei den Volumenservern, liegen diese Kosten schon heute im Bereich der Anschaffungskosten. Das heißt, während der Nutzungszeit dieser Server fällt der Kaufpreis noch einmal an, dann allerdings auf der Stromrechnung. Häufig ist die Unkenntnis über die Energiekosten der IT in der Unternehmensorganisation begründet: Die IT-Manager sind nicht für den Stromverbrauch verantwortlich. So werden in vielen IT-Budgets zwar die Kosten für die Planung, Anschaffung und das Management der IT berücksichtigt, nicht aber die Energiekosten. Diese werden als Gemeinkosten über das Facility Management abgerechnet.

Allein schon die Messung des Gesamtenergiebedarfs eines Rechenzentrums führt in der Regel dazu, dass Potenziale zur Senkung von Energieverbrauch und Kosten aufgedeckt werden. Wird der Energieverbrauch bei der Ausstattung eines Rechenzentrums adäquat berücksichtigt, fallen die Investitionsentscheidungen oft anders aus. Eine etwas höhere Investition in eine energieeffiziente Kühlung kann sich beispielsweise schon nach wenigen Monaten rentieren.

Für eine Gesamtbewertung der Energieeffizienz eines Rechenzentrums existieren eine Anzahl von Mess- und Bewertungskonzepten[6]. Diese verschiedenen Ansätze versuchen, die Energieeffizienz von Rechenzentren anhand geeigneter Kennzahlen zu bewerten. Der Energieverbrauch wird dabei zu einer anderen Leistungsgröße des Rechenzentrums ins Verhältnis gesetzt. Idealerweise würde man die Energieeffizienz über eine Kennziffer bewerten, die den Rechenzentrumsoutput ins Verhältnis zum Energieeinsatz darstellt. Allerdings gibt es bislang keine geeignete Output-Größe, die für alle Typen von Rechenzentren und Anwendungsfälle hinreichend genau die eigentliche Leistungsfähigkeit beschreibt. An dieser Fragestellung wird in verschiedenen internationalen Gremien jedoch intensiv gearbeitet und es sind in den nächsten Jahren erste Ergebnisse zu erwarten. Einen bereits existierenden Ansatz für eine solche Bewertung liefert die Liste Green500-List (www.green500.org). In dieser Liste sind die 500 energieeffizientesten Supercomputer der Welt zusammengestellt. Die Bewertung erfolgt anhand des Quotienten von Rechenleistung in Flops (Floting Point Operations per Second) zu Leistungsaufnahme in Watt.

In der Fachwelt weitgehend akzeptiert ist eine Rechenzentrums-Kenngröße die als Data Center Infrastructur Efficiency (DCiE) bezeichnet wird. Sie setzt den Energieverbrauch der IT-Systeme (Server, Speicher, Netzinfrastruktur) ins Verhältnis zum Gesamtenergieverbrauch eines Rechenzentrums. Damit ist die Kennzahl ein Qualitätsmaß dafür, wie viel der Energie tatsächlich für die eigentliche Funktion und Leistung eines Rechenzentrums eingesetzt wird. Möglichst wenig des Gesamtenergieverbrauchs eines Rechenzentrums soll auf die Infrastruktur des Rechenzentrums, also z.B. auf die unterbrechungsfreie Stromversorgung, die Kühlung und Klimatisierung oder andere „Energieverbraucher" entfallen. Die DCiE wird im EU-Code of Conduct for Data Centers wie folgt definiert:

---

6 Z.B. Greenberg, S.; Tschudi, W.; Weale, J.: Self Benchmarking Guide for Data Center Energy Performance, Version 1.0, May 2006, Lawrence Berkeley National Laboratory, Berkeley, California, 2006; Aebischer, B. et al.: Concept de mesure standardisé pour les centres de calculs et leurs infrastructures, Genève 2008; The green grid: The Green Grid Metrics: Data Center Infrastructure Efficiency (DCIE) Detailed Analysis, 2008; BITKOM (Hrsg.): Energieeffizienzanalysen in Rechenzentren, Band 3 der Schriftenreihe Umwelt & Energie, Berlin 2008; European Commission: Code of Conduct on Data Centres.

$$\text{DCiE} = \frac{\text{Energieverbrauch der IT}}{\text{Gesamtenergieverbrauch des Rechenzentrums}} \times 100\ \%$$

Im optimalen Fall beträgt die DCiE-Kennzahl also 100 %. Dies ist allerdings nur ein theoretischer Zielwert. Bei der Ermittlung der DCiE werden in der Praxis sowohl Leistungsgrößen (in kW) als auch Energiegrößen (in kWh) herangezogen. Bei der Verwendung von Leistungsdaten werden punktuelle Werte zur aktuellen DCiE des Rechenzentrums ermittelt, während bei der Energiebetrachtung Verbrauchswerte für einen definierten Zeitraum zugrunde liegen. Beide Varianten haben ihren Sinn, allerdings kommt es am Ende auf den realen Energieverbrauch eines Rechenzentrums an.

Die DCiE eines sehr guten Rechenzentrums kann bei 65 % oder höher liegen. Es sind aber auch Rechenzentren in Betrieb, bei denen der Wert unter 50 % liegt. Das bedeutet, dass zusätzlich zum eigentlichen Energiebedarf für IT mehr als die gleiche Menge an Energie für Klimatisierung, USV, etc. verbraucht wird. Mit Hilfe einer entsprechenden Softwareunterstützung können Kennzahlen wie die DCiE auch laufend berechnet und überwacht werden, um so weitere Potenziale zur Steigerung der Energieeffizienz zu erschließen.

Die Messung von Energieverbrauch und Temperatur im Rechenzentrum kann aber noch viel weiter gehen: Moderne Systeme ermöglichen es, detailliert den Energieverbrauch und die Temperaturverteilung im Rechenzentrum zu erfassen und zu visualisieren.

Mit aktuellen, flexiblen Methoden kann schnell, anschaulich und in Echtzeit auf allen Ebenen des Energieeinsatzes in einem Rechenzentrum Transparenz geschafft werden - bis hinunter zu den einzelnen aktiven oder passiven Komponenten und den Optionen ihrer Verwendung. Temperaturen können z.B. mit Infrarotkameras aufgenommen werden, womit sich eine sehr gute Momentaufnahme erzielen lässt. Für das dauerhaft sichere und effizienzorientierte Betriebsmanagement sind jedoch kontinuierliche und flächendeckende Messungen sowie die Darstellung der historischen Entwicklung erforderlich.

2.2.2 Energie-Monitoring

Zum Monitoring des Energiebedarfs in Rechenzentren lassen sich zwei Vorgehensweisen unterscheiden, die sich gegenseitig ergänzen: Das Server-Monitoring und das Energie-Monitoring. Das Server-Monitoring erfasst die „Produktion", das Energie-Monitoring die „Versorgung".

Server-Monitoring („Produktion")

- kostengünstiges IT-Monitoring aller relevanten Auslastungsdaten
- effizientes Auffinden von Auffälligkeiten
- schnelle und detaillierte Analyse einzelner Phänomene
- klare Dokumentation von Maßnahmen (vorher - nachher)

Energie-Monitoring („Versorgung")

- Zusammenführung von IT- & Energiemanagement
- Einbeziehen weiterer Parameter (meteorologische Daten, etc.)
- gemeinsame Werkzeuge für IT, Energie, Controlling, Einkauf, etc.
- Entwicklung einer kurz-, mittel- und langfristigen Energiestrategie

2.2.3 Temperatur-Monitoring

Die detaillierte Erfassung der Temperaturverteilung und deren Visualisierung (Abbildung 2-3) bietet eine Reihe von Vorteilen. Hot-Spots können identifiziert werden und über geeignete Maßnahmen beseitigt werden. Die Temperaturverteilung im Rechenzentrum kann z.B. über die Regelung des Luftvolumenstroms optimiert werden: Unnötig niedrige Temperaturen und gefährlich hohe Temperaturen werden vermieden. Damit werden Kosten gespart und die Verfügbarkeit verbessert. Der weitere Ausbau des Rechenzentrums kann bei bekannter Temperaturverteilung energieoptimiert erfolgen.

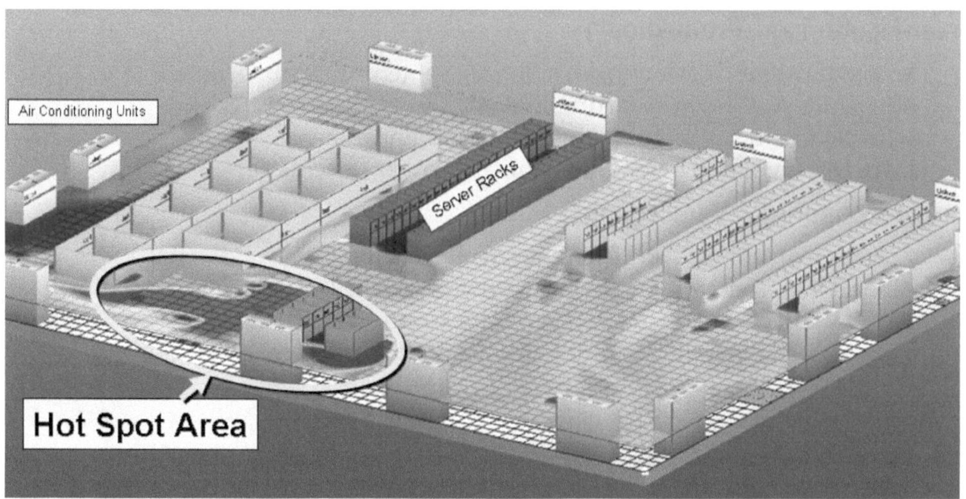

Abbildung 2-3: Temperaturverteilung im Rechenzentrum mit Hot Spot (Quelle: IBM)

2.3 Optimierung der IT-Hard- und Software

2.3.1 Überblick

Ein wesentlicher Ansatzpunkt zur Reduzierung des Energieverbrauchs im Rechenzentrum liegt in der Optimierung der IT-Hard- und Software. Jedes Watt an Leistung, das auf Seiten der IT gespart wird, braucht nicht gekühlt werden oder über eine USV abgesichert werden. Demzufolge spart man zweifach. In diesem Abschnitt wird ein Überblick über die Einsparpotenziale durch IT-Hard- und Software gegeben. Zunächst werden die Server und die auf ihnen installierte Software betrachtet. Anschließend wird den Datenspeicherlösungen ein gesonderter Abschnitt gewidmet, da in diesem Bereich sehr hohe Wachstumsraten sowohl hinsichtlich des Datenvolumens als auch des Energieverbrauchs zu verzeichnen sind.

2.3.2 Server

Wie Abbildung 2-2 zeigt, werden ca. 2/3 des Energiebedarfs von IT-Hardware durch Volume-Server verursacht. Durch die sinkenden Hardwarepreise hat sich dieses Segment in den letzten Jahren sehr stark ausgeweitet. Dabei sind Volume-Server heute zum großen Teil nur sehr gering ausgelastet. Durchschnittliche Auslastungen von nur 10 % sind keine Seltenheit. Niedrige Auslastungen bedeuten aber schlechte Wirkungsgrade. Selbst im Leerlauf braucht ein Server in der Regel deutlich mehr als 70 % des Stroms, den er bei Vollauslastung benötigt.

Prinzipiell lassen sich zwei Vorgehensweisen unterscheiden, um den Energieverbrauch von Servern zu reduzieren. Zum einen kann die Hardware optimiert werden, so dass weniger Strom verbraucht wird. Zum zweiten kann der Betrieb dieser Hardware so verbessert werden, dass die durchschnittliche Auslastung der Systeme erhöht wird. Dabei kann gleich zweifach gespart werden: Durch geringeren Strombedarf und durch weniger Hardware, die benötigt wird. Beide Vorgehensweisen sollten parallel verfolgt werden, um eine optimale Lösung zu erreichen (vgl. Tabelle 2-1).

Tabelle 2-1: Überblick für Ansatzpunkte zur Energieeinsparung bei Servern

1. Verbrauch der Systeme reduzieren

- Eine effiziente Hardware hängt sehr stark vom Produktdesign ab.
- Die richtige Komponenten- und Softwareauswahl und die präzise Dimensionierung reduzieren den Energieverbrauch.

2. Effiziente Nutzung der Hardwareressourcen

- Eine Konsolidierung und eine Virtualisierung können den Energie- und Materialverbrauch stark reduzieren.
- Eine optimierte Infrastruktur erlaubt das Abschalten nicht genutzter Hardware.

In Abbildung 2-4 ist eine typische Aufteilung des Energieverbrauchs von einzelnen Serverkomponenten dargestellt. Hier zeigen sich Energieeinsparpotenziale: Energiesparende CPUs verbrauchen oft weniger als die Hälfte im Vergleich zu konventionellen Prozessoren. Kleine 2,5"-Festplatten brauchen deutlich weniger Energie als 3,5"-Festplatten und auch Festplatten mit geringeren Umdrehungszahlen sind energiesparender als schneller rotierende Platten. Spielen die Zugriffsgeschwindigkeit und die Datenübertragungsraten der Festplatten bei der geplanten Anwendung keine kritische Rolle, so ist in der Systemleistung oft kein Unterschied festzustellen. Ein großes Arbeitsspeichermodul ist aus energetischen Gründen zwei kleinen Modulen mit gleicher Kapazität vorzuziehen.

Durch die Auswahl geeigneter und auf den Anwendungsfall abgestimmter Komponenten kann aufgrund der Wechselwirkungen auch bei den anderen Komponenten eine geringere Energie-/Leistungsnachfrage stattfinden. Am Markt verfügbar sind auch energiesparende Lüfter und Netzteile mit hohem Wirkungsgrad. Insbesondere beim Netzteil lohnt sich häufig das genaue Hinsehen. Ineffiziente Netzteile verbrauchen im Teillastbetrieb oft allein ein Drittel des Stroms der Server. Dabei sind heute Netzteile verfügbar, die über den gesamten Auslastungsbereich Wirkungsgrade von 80 % und höher haben.

Auch bei der Luftführung der Server lässt sich viel für die Energieeffizienz tun. So sollten die Geräte zur optimalen Kühlung mittels Konvektion möglichst über die gesamte Frontfläche in der Lage sein, Luft anzusaugen. Eine Vergrößerung der Lufteinlassfläche pro CPU Sockel ermöglicht es dem Lüftungssystem, mit einer höheren Zulufttemperatur zu arbeiten bzw. mit geringerem Energieaufwand für die Kühlung auszukommen. Insbesondere beim Formfaktor Blade-Server sollte das Lüftungsdesign gut mit dem Design der Stromversorgung abgestimmt sein, um an der richtigen Stelle Platz zu sparen. Eine unangemessene Verkleinerung der Gehäuse, die CPU und Arbeitsspeicher umgeben, erhöht die thermische Dichte, generiert Hot-Spots und bedarf größerer Energieaufwändungen, um durch einen geringeren Querschnitt die gleiche Luftmenge zu transportieren.

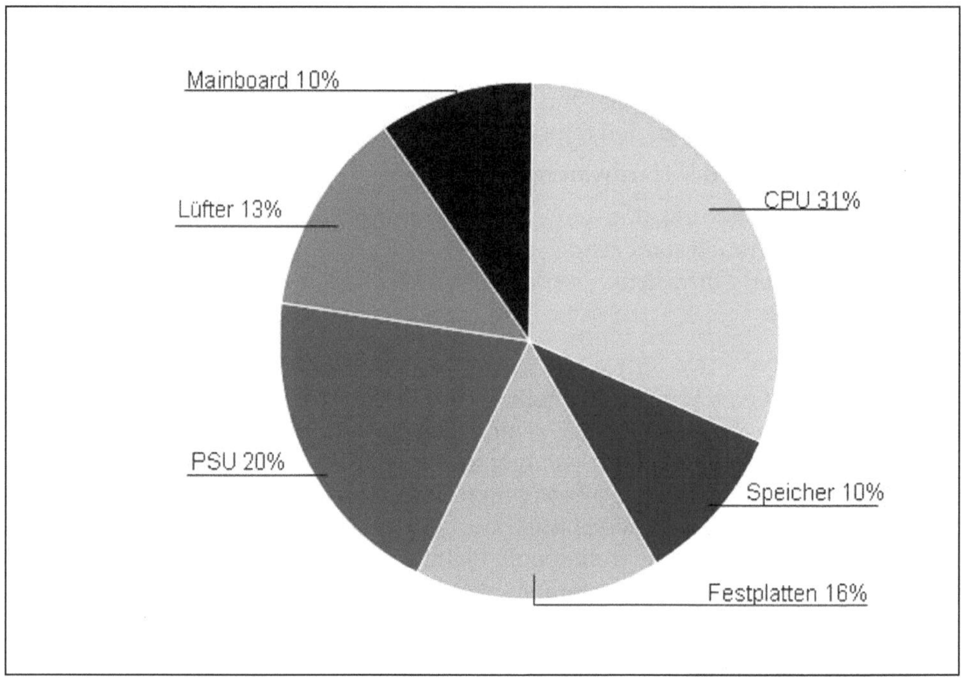

Abbildung 2-4: Typische Aufteilung des Energieverbrauchs eines Servers (Quelle: Fujitsu Siemens Computers)

Eine Hilfestellung bei der Auswahl von energieeffizienten Servern kann beispielsweise der Energy Star bieten. Seit Mai 2009 ist im Rahmen des Energy Star Programms die Version 1.0 der Anforderungen für Server verfügbar[7]. Dabei sind die Anforderungen so konzipiert, dass sie laufend weiterentwickelt werden. Eine Überarbeitung und Ergänzung der Anforderungen ist bereits für den 15. Oktober 2010 angekündigt. Aktuell beziehen sie sich insbesondere auf den Wirkungsgrad

7 EPA: ENERGY STAR® Program Requirements for Computer Servers, verfügbar unter http://www.energystar.gov/index.cfm?c=new_specs.enterprise_servers; 2009.

der Servernetzteile, den Stromverbrauch der verschiedenen Serverarten im Leerlauf sowie ergänzende Anforderungen für Serverbauteile wie Speicher, Prozessoren, Festplatten und Netzwerkanschlüsse. Außerdem werden Mindestanforderungen an die kontinuierlich vom Server gelieferten Daten hinsichtlich des Stromverbrauchs und der Temperatur des Prozessors bzw. der Prozessoren gestellt.

Die Anforderungen des Energy Stars für Server hinsichtlich der verwendeten Netzteile sind anspruchsvoll und liegen mit erforderlichen Wirkungsgraden von bis zu 95 % (je nach Größe und Auslastung) deutlich über dem aktuell in installierten Servern üblichen Standard.

Durch eine Optimierung der Hardware können schon erhebliche Energieeinsparungen erreicht werden. Noch größer sind die Potenziale häufig durch eine effiziente Nutzung der Systeme: Konsolidierung und Virtualisierung sind hier die Stichworte.

Mit Konsolidierung ist der Prozess der Vereinheitlichung und Zusammenführung von Systemen, Applikationen, Datenbeständen oder Strategien gemeint. Ziel ist hier meist die Vereinfachung und Flexibilisierung der Infrastruktur. Damit einher geht in der Regel auch eine erhebliche Absenkung des Energieverbrauchs.

Virtualisierung meint Abstraktion: Logische Systeme werden von der realen physischen Hardware abstrahiert. Ressourcen werden dabei nicht dediziert, sondern gemeinsam genutzt. So können sie flexibler bereitgestellt werden und die Kapazitäten besser ausgenutzt werden. Die Auslastung der Systeme wird erheblich erhöht und damit viel Energie gespart.

In Abbildung 2-5 ist ein Beispiel für Serverkonsolidierung und Virtualisierung dargestellt. Bei gleicher Systemperformance und gleicher Verfügbarkeit kann durch den Übergang von 4 Systemen auf ein leistungsfähiges System mit professioneller Virtualisierung der Gesamtenergiebedarf deutlich gesenkt werden – im Beispiel um 50 %. Hierbei handelt es sich eher um ein konservativ ausgewähltes Beispiel - je nach Anwendungsfall sind auch deutlich höhere Einsparungen möglich.

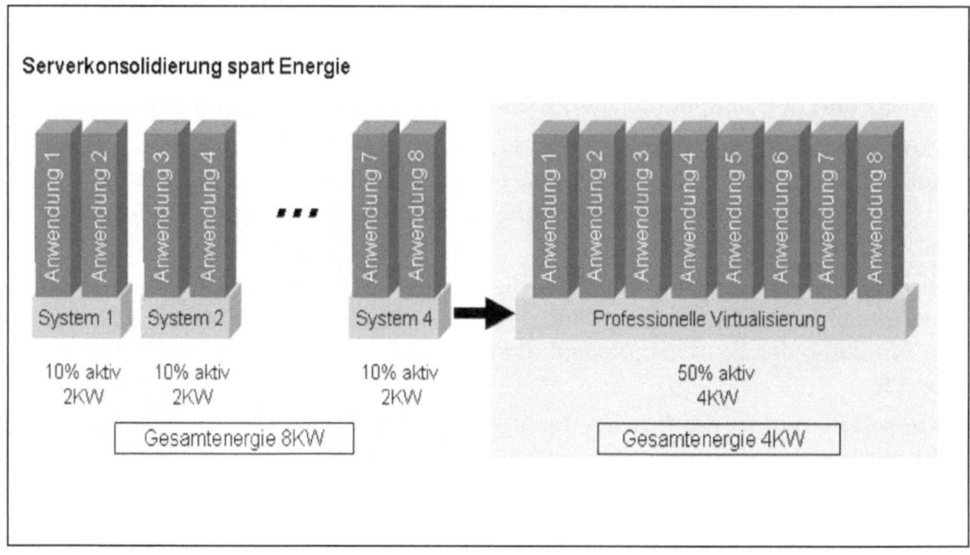

Abbildung 2-5: Energieeinsparung durch Konsolidierung und Virtualisierung

Große Potenziale zur Energieeinsparung bieten auch Lösungen, die automatisiert Server herunterfahren und wieder starten können. Viele Anwendungen nutzen die Server im Zeitverlauf nur teilweise aus – z.B. nur während der Bürozeiten oder nur von Montag bis Freitag. In Zeiten, in denen bekanntermaßen nur geringe Rechenleistungen benötigt werden, können gezielt und automatisiert Server heruntergefahren werden. Hierzu existieren heute bereits Lösungen am Markt – insbesondere in Verbindung mit Virtualisierung.

Auch beim zeitlichen Management der Serveraktivitäten bestehen Möglichkeiten, Energie und Kosten zu sparen. Überlagerungen von zeitgleichen Serveraktivitäten führen zu kurzzeitig hohen Energienachfragen, da Standardeinstellungen (z.B. zu jeder vollen Stunde werden bestimmte Dienste ausgeführt) nicht verändert werden. Zeitlich abgestimmte Serverlasten führen zu einer ausgeglichenen Energienachfrage. Damit können sowohl Ausgaben für zusätzliche Hard- und Software als auch Energiekosten gespart werden.

2.3.3 Speicherlösungen

Der Anteil der Datenspeicherung am Gesamtenergieverbrauch von Rechenzentren ist zwar verhältnismäßig gering. Dennoch lohnt es sich, auch hier über eine Optimierung hinsichtlich der Energieeffizienz nachzudenken. Denn das Datenvolumen steigt immer noch sehr stark an – eine Verdopplung pro Jahr ist keine Seltenheit.

Damit steigt auch der Anteil des Energiebedarfs von Speicherlösungen am Gesamtenergiebedarf der IT.

Eine auf den ersten Blick simple Möglichkeit, den Energiebedarf bei der Datenspeicherung zu reduzieren, ist die Optimierung des Datenmanagements: Unnötige und veraltete Daten sollten gelöscht werden.

In vielen Unternehmen benötigen heute Multimedia-Dateien wie mp3 oder Videodateien den Großteil des verfügbaren Speicherplatzes – auch wenn sie für den Geschäftsablauf gar nicht benötigt werden. Hinzu kommt, dass Dateien häufig mehrmals abgespeichert werden. Klare Regelungen zum Umgang mit Daten sowie eine leistungsfähige Softwareunterstützung können die zu speichernde Datenmenge erheblich reduzieren und damit Hardware- und Betriebskosten sparen helfen.

Wie bei Servern können auch im Speicherbereich durch Konsolidierung und Virtualisierung erhebliche Kosten- und Energieeinsparungen erreicht werden. Durch SAN (Storage Area Networks) und NAS (Network Attached Storage) Systeme lassen sich Kosten sparen und das Datenmanagement vereinfachen.

In diesem Zusammenhang ist auch das Konzept des Information Lifecycle Management (ILM) zu nennen. ILM ist ein Storage Management-Konzept, welches Informationsobjekte während der gesamten Lebenszeit aktiv verwaltet. Dabei bestimmt eine Regelmaschine unter Berücksichtigung von Vorgaben aus den Geschäftsprozessen und der Bewertung der Kostenstrukturen der Speicherhierarchie in einem Optimierungsprozess den best geeigneten Speicherplatz für die verwalteten Informationsobjekte. Nur Informationsobjekte, die hoch verfügbar sein müssen, werden auf teurem Speicher mit hohem Energieverbrauch abgelegt. ILM hilft Energie zu sparen, indem jeweils der optimale – und damit auch der energiesparendste – Datenträger verwendet wird und die Informationsobjekte am Ende des Lebenszyklus automatisch gelöscht werden.

Weitere Ansatzpunkte für eine energieeffiziente Datenspeicherung sind z.B. die Nutzung von Bändern zur Archivierung von Daten. Im Gegensatz zu Festplatten benötigen Bänder keine Energie, solange die Daten nicht wieder abgerufen werden müssen. Energieoptimierte Speichersysteme, Laufwerke mit hoher Speicherdichte und andere moderne Technologien wie De-Duplikation und das automatisierte Abschalten nicht benötigter Festplatten helfen den Energieverbrauch zu minimieren.

In Tabelle 2-2 sind die empfohlenen Schritte zur Reduktion des Energieverbrauchs bei der Datenspeicherung in ihrer Reihenfolge dargestellt.

Tabelle 2-2: Empfohlene Schritte bei der Reduktion des Energieverbrauchs bei der Datenspeicherung

1. Datenhaltung optimieren

- Löschen veralteter Daten
- Löschen unnötiger Daten

2. Infrastruktur und Geräte optimieren

- Konsolidierung
- Nutzung von ILM
- Nutzung von Bändern
- "State of the art" Technologie einsetzen

2.4 Optimierung der Kühlung

2.4.1 Überblick

Bei Planung, Errichtung und Betrieb eines Rechenzentrums kommt dem Bereich der Kühlung eine besondere Bedeutung zu. Die Kühlung hat einen deutlichen Anteil an den Energiekosten. Je nach örtlichen Gegebenheiten und Auslegung der Kühlung liegt der Anteil üblicherweise bei mindestens 20 % der Gesamtenergiekosten. Dies ist allerdings als untere Grenze zu verstehen. Es sind auch Installationen in Betrieb, bei denen der Anteil der Kühlung am Gesamtstromverbrauch bei 60 % und höher liegt. Die Projektierung der Kühlung stellt eine besondere Herausforderung dar, da es sich meist um mittel- bis langfristige Investitionen handelt, die über mehrere IT-Generationen in Betrieb sein werden. Im Folgenden werden verschiedene Ansatzpunkte gezeigt, wie die Kühlung eines Rechenzentrums so optimiert werden kann, dass ihr Energieverbrauch möglichst gering ist. Ausgehend von einer Darstellung der verschiedenen Kühlgerätearten und –kühlmedien werden insbesondere die Themen Luftstrom im Raum und Rack, Freie Kühlung, Temperaturen im Rechenzentrum und Leistungsregelungen behandelt.

2.4.2 Kühlgerätearten und Kühlmedien

Kühlgerätearten

Es gibt eine breite Palette von Herstellern auf dem Markt, die Kühlgeräte in unterschiedlicher Form anbieten. Im Folgenden werden überblicksartig die verschiedenen Systeme dargestellt.

Grundsätzlich unterteilt man die zur Verfügung stehenden Gerätearten in die Komfort- und die Präzisionsklimageräte. In beiden Fällen kann sowohl Kaltwasser (CW = chilled water) als auch Kältemittel (DX = direct expansion) als Medium zur Abfuhr der der Raumluft entnommenen Wärmeenergie zum Einsatz kommen.

Darüber hinaus gibt es die direkt wassergekühlten Racks und noch einige herstellerspezifische Sonderlösungen.

Bei den Komfortgeräten gibt es zum einen Fan-Coil-Geräte (= Ventilatorkonvektoren), die einen Luft-Kaltwasser-Wärmetauscher mit eigenem Gebläse besitzen, und die Split-Klimageräte, die mit Kältemittel betrieben werden und eher aus kleinen Räumen bekannt sind. Diese Geräteart ist aber nur sehr bedingt für den Einsatz im Rechenzentrum geeignet. Die umgewälzte Luftmenge ist sehr gering, die Kaltluft wird thermodynamisch höchst ungünstig von oben eingeblasen, die Split-Geräte entfeuchten sehr stark, die Regelungen sind nur sehr einfach und berücksichtigen die Raumfeuchte nicht. Zudem arbeiten die Split-Geräte mit schlechten Wirkungsgraden bezüglich der sensiblen Kühlleistung[8]. Damit sind sie nicht energieeffizient und auch nicht für den Ganzjahresbetrieb geeignet.

Die Präzisionsklimageräte wurden ursprünglich eigens für den Einsatz in Rechnerräumen entwickelt und unterteilen sich nach der Luftführung in downflow (= Luftansaugung oben, Ausblasung nach unten) und upflow (= Ansaugung unten vorne oder hinten, Ausblasung oben). Dabei besitzen diese Geräte Mikroprozessor-Regelungen, die neben der Temperatur auch die relative Feuchte berücksichtigen und auf energetisch optimierten Betrieb programmiert sind. Präzisionsklimageräte erbringen eine nahezu 100 % sensible Kälteleistung und setzen die aufgewendete Energie für die Kälteerzeugung effizient zur Absenkung des Raumtemperaturniveaus ein. Bei der Auslegung von energieeffizienten Präzisionsklimageräten ist ein weiterer Ansatzpunkt die Dimensionierung der Wärmetauscherfläche[9]. Je größer diese ist, desto geringer ist die Entfeuchtungsleistung. Erkennbar ist dies an einer möglichst geringen Differenz zwischen sensibler und Gesamtkühlleistung. Diese Differenz, auch latente Kühlleistung genannt, entzieht der Rückluft Feuchtigkeit und kostet Energie. Da aber im Rechenzentrum die relative Luftfeuchte innerhalb der vom Hardware-Hersteller vorgegebenen Grenzen gehalten werden sollte, um Probleme mit statischer Aufladung zu vermeiden, muss diese entnommene Feuchte unter nochmaligem Energieeinsatz der Raumluft mittels Dampfbefeuchter wieder zugeführt werden.

Durch die Entwicklung der Computer-Hardware zu immer höherer Leistung bei immer geringeren Abmessungen und insbesondere durch die Entwicklung der (Blade-)Server sind heute abzuführende Wärmelasten von 30 kW und mehr je Rack eine zusätzliche Herausforderung für die Klimatechnik. Dieser begegnet man mit Racks, die einen Luft-Wasser-Wärmetauscher und lastabhängig Drehzahl geregelte Ventilatoren eingebaut haben. Dadurch stellt man einerseits eine ausreichende

8 Sensible Kühlleistung des Geräts ist diejenige Kühlleistung, die vom Gerät zur Kühlung der Luft ohne Feuchteausscheidung erbracht wird.

9 Genaugenommen ist das Verhältnis der Luftmenge zur Wärmetauscherfläche zu optimieren. Eine große Wärmetauscherfläche erfordert eine ausreichende Luftmenge.

Kühlung aller Rechner im Rack sicher. Andererseits werden eben nur die Rechner gekühlt, nicht aber sonstige Lasten durch Transmission, Beleuchtung und andere.

Neben den bisher behandelten Standardgeräten zur Kühlung gibt es auch noch herstellerspezifische Lösungen (wie z.B. Kühlgeräte, die auf die Racks aufgesetzt werden und so die Kühlung im Kaltgang unterstützen), auf die hier nicht weiter eingegangen werden kann. Diese haben jeweils für den spezifischen Anwendungsfall ihre Berechtigung, für den sie erdacht wurden. Eine ausführliche Betrachtung zur Energieeffizienz würde diesen Rahmen jedoch sprengen.

Kühlmedien und Kältemittel

Die Kühlsysteme für die IT-Umgebung lassen sich nicht nur nach der Geräteart unterscheiden, sondern auch nach den verwendeten Kühlmedien und Kältemitteln. Sämtliche Kühlungsarten basieren auf dem physikalischen Naturgesetz, dass Energie nur transportiert, aber nicht vernichtet werden kann. Aufgrund der einfacheren Verteilung verwendet man Luft als primären Energieträger in der Rechnerumgebung. Da jedoch Wasser - im Vergleich zu Luft - Wärme ca. 3.500 Mal besser speichern kann, ist dieses Medium die bessere Wahl zum Transport der dem Raum entnommenen Wärme nach außen. Je nach Anwendungsfall und örtlichen Gegebenheiten werden alternativ zu Wasser auch andere Kühlmedien eingesetzt.

Wasser als Kühlmedium bietet sich vor allem durch die leichte Beherrschbarkeit und die einfache Verfügbarkeit bei gleichzeitig sehr geringen Kosten an. Die früher vorhandenen Nachteile von Wasser in einem Rechnerraum sind durch den im Lauf der Jahrzehnte erreichten Stand der technischen Entwicklung heute nicht mehr ausschlaggebend:

- Heutige Pumpensysteme sind in Abhängigkeit der benötigten Wassermenge und Temperaturdifferenz stufenlos regelbar. Dabei bedeutet eine zurückgeregelte Pumpenleistung auch gleichzeitig eine reduzierte Energieaufnahme.
- Durch den Zusatz von Frostschutzmitteln („Glykol") kann der Gefrierpunkt weit unter 0°C gedrückt werden. Dabei sind diese Mittel heute gleichzeitig auch korrosionshemmend, so dass dadurch ein doppelter Nutzen entsteht.
- Wasser ist heute das sicherere Kühlmedium im Rechenzentrum im Vergleich zu Kältemitteln. Dies wird bedingt durch die Detektierung von Wasseraustritt und/oder der Abschottung des Wassersystems gegen elektrische Systeme durch Leitungsrinnen mit gezielter Entwässerung.

Kältemittel sind häufig künstlich erzeugte, chemische Stoffe oder Stoffverbindungen, deren geringer Siedepunkt in Kältemaschinen ausgenutzt wird. Daneben gibt es auch natürliche Stoffe wie Wasser[10], Ammoniak oder Kohlendioxid, die als Kältemittel verwendet werden. Insbesondere Ammoniak ist eines der wichtigsten

[10] Auch wenn Wasser als Kühlmedium häufig verwendet wird, hat es sich im Rechenzentrumsbereich für den Einsatz als Kältemittel nicht bewährt.

Kältemittel überhaupt, wird aber aufgrund der Sicherheitsanforderungen in Rechenzentren nicht verwendet. Aufgrund ökologischer Aspekte wie Ozonschichtzerstörung und Treibhauseffekt durch die Emissionen künstlicher Stoffe hat sich der Markt der Kältemittel in den letzten 10 – 15 Jahren stark gewandelt. In der Klimatechnik wird daher auch versucht, die in einem System eingesetzte Kältemittelmenge auf das absolut notwendige Minimum zu reduzieren oder auf natürliche Kältemittel umzusteigen. Die gebräuchlichsten künstlichen Kältemittel zählen zu den halogenierten Kohlenwasserstoffen.

An dieser Stelle soll kurz gesondert auf das Medium Kohlendioxid eingegangen werden. Kohlendioxid besitzt im Vergleich mit Wasser ein wesentlich besseres Speichervolumen, wodurch die Rohrleitungen entsprechend kleiner ausfallen können. Die notwendige einzusetzende Energie für den Transport des Mediums vom Erzeuger bis zum Verbraucher ist ebenfalls geringer.

Ein Nachteil sind die zurzeit noch hohen Investitionskosten. Der ökonomische Einsatz steigt daher mit der Größe der Anlagenleistungen.

Einen weiteren Nachteil bei der Verwendung von Kohlendioxid als Kühlmedium stellen die notwendigen hohen Betriebsdrücke dar. Die entsprechenden kältetechnischen Komponenten für Hochdruck-Systeme sind aber bereits entwickelt, so dass eine Nutzung von Kohlendioxid auch im Rechenzentrum möglich ist.

2.4.3 Luftstrom im Raum und im Rack

Warmgang-Kaltgang-Anordnung

In herkömmlichen Rechenzentren wird im Rack und im Raum Luft als Kühlmedium verwendet. Die dabei abzuführenden Wärmelasten steigen stetig an. Noch vor wenigen Jahren gab es nur wenige Rechenzentren mit einem Leistungsbedarf von mehr als 1.000 Watt pro Quadratmeter. Dagegen sind heute selbst Rechenzentren mit einem Leistungsbedarf von 2.500 Watt pro Quadratmeter und mehr keine Seltenheit mehr.

Die Mehrheit der heute gefertigten Server saugt die konditionierte Zuluft vorne ein und bläst sie an der Rückseite wieder aus. Dies legt eine Anordnung der Serverracks mit gelochten Front- und Rücktüren in der Art nahe, dass ein Warmgang und ein Kaltgang entstehen.

Daher ist die gebräuchlichste und wirkungsvollste Lösung für die Raumkühlung mit Luft eine Anordnung mit abwechselnden Warm- und Kaltgängen (vgl. Abbildung 2-6) mit Kühlluftzuführung über einen Doppelboden mit entsprechend angeordneten perforierten Doppelbodenplatten und Kühlluftabführung unter der Rechenzentrumsdecke.

Bei diesem Lösungsansatz stellt man die Racks Front gegen Front auf, wie auch in der VDI 2054 oder vom Technical Committee 9.9 der ASHRAE empfohlen. Die gekühlte Zuluft wird so in den Kaltgang eingeblasen, auf beiden Seiten von den Servern angesaugt und auf der Rückseite der Racks in den Warmgang ausgeblasen.

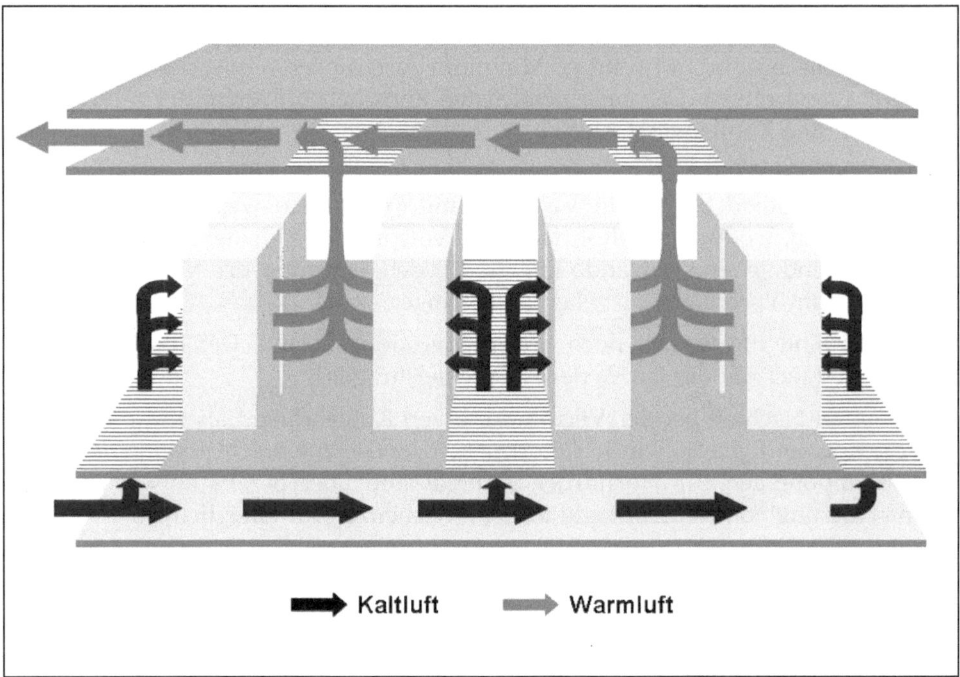

Abbildung 2-6: Warmgang/Kaltgang Konfiguration

Bei der Kalt-/Warmganganordnung ist darauf zu achten, dass die Umluftklimageräte an den Enden der Warmgänge aufgestellt werden und nicht parallel zu den Rackreihen. Andernfalls wäre ein Vermischen der Warmluft mit der Kaltluft die Folge, was zu einer ungenügenden Kühlung der Ausstattung im oberen Rackbereich führte. Weiterhin wird durch die niedrigere Ansaugtemperatur der Umluftklimageräte der Gesamtwirkungsgrad der Anlage deutlich schlechter ausfallen.

Mit der Kaltgang/Warmgang-Anordnung lassen sich, sorgfältige Planung und Ausführung vorausgesetzt, bis ca. 5 kW Kühlleistung pro Rack abführen. In älteren Rechenzentren liegen diese Werte meist erheblich niedriger, etwa bei 1 bis 2 kW pro Rack. Die Kaltgänge sind bei guter Planung vollständig mit kühler Luft gefüllt, die Warmluft strömt über die Schränke und wird gesammelt zu den Kühlgeräten zurückgeführt.

Zur Unterstützung bzw. Erhöhung der Kühlung gibt es unterschiedliche Systeme von verschiedenen Herstellern, die eine zusätzliche Einbringung von gekühlter Luft in den Kaltgang, aber nicht über den Doppelboden, ermöglichen.

Kommt man auch mit dieser Anordnung an die Grenze der Kühlleistung, treten aufgrund der hohen Strömungsgeschwindigkeiten nicht erwünschte Effekte wie Bypässe oder Rezirkulationen von Kühlluft auf. Durch eine geeignete Auslegung und Regelung der Anlage sowie Maßnahmen zur Luftführung können diese Erscheinungen vermieden und so erhebliche Betriebskosten eingespart werden.

Eine Möglichkeit zur Verbesserung der Luftführung ist das Einhausen des Kalt- oder des Warmgangs. So werden Luftkurzschlüsse oder die Durchmischung von Zu- und Abluft vermieden. Das Luftmanagement muss dabei immer der Serverbestückung angepasst werden.

Es ist zu beachten, dass eine vollständige Einhausung vorgenommen wird. Im Falle einer Kaltgangeinhausung bedeutet dies neben der Abdichtung des Kaltgangs oben mittels Abdeckung und an den Stirnseiten durch Türen auch eine Warm-/Kalt-Trennung in den Schränken (leere Höheneinheiten und seitlich neben dem 19"-Bereich) sowie eine Abdichtung des Bodens im Warmbereich (im Schrank und im Warmgang).

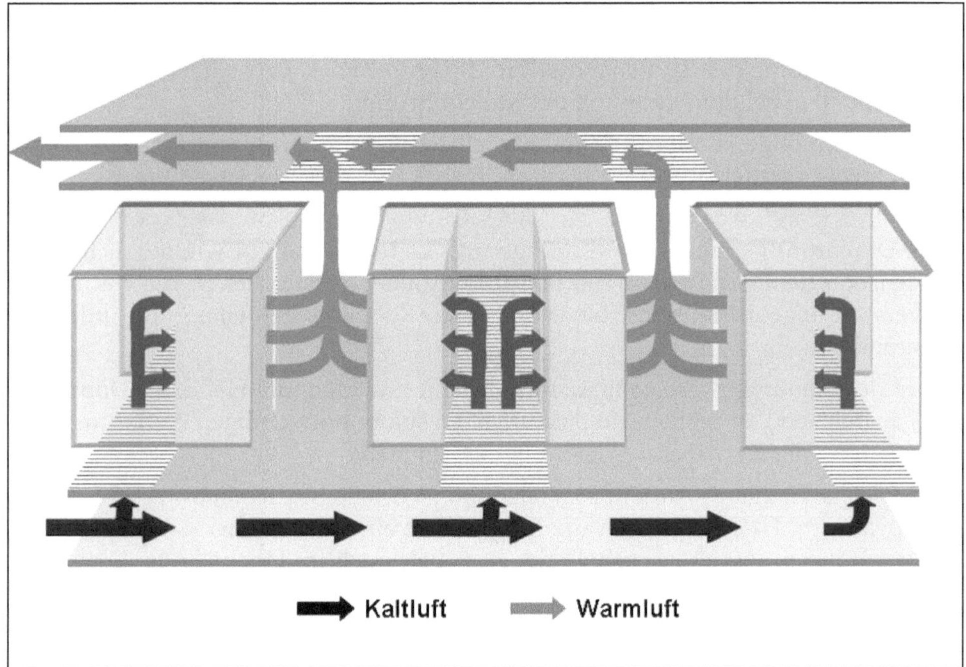

Abbildung 2-7: Einhausung des Kaltganges

Durch eine solche Anordnung kann der Temperaturgradient von der Oberkante des Doppelbodens bis zum oberen Bereich des Racks von ca. 4 Kelvin auf ca. 1

Kelvin reduziert werden und dadurch die optimale Kaltluftversorgung der Server über die gesamte Höhe des Luftansaugbereichs der Racks sichergestellt werden.

Durch die Einhausung des Kalt- oder Warmgangs kann auch die Aufstellung der Umluftkühlgeräte parallel zu den Rackreihen erfolgen, da die Durchmischung der warmen Abluft mit der kalten Zuluft effizient verhindert wird.

Reduzierung von Hindernissen im Doppelboden

Der Einbau eines Installationsdoppelbodens in einem Rechenzentrum stellt eine der technisch sinnvollen Möglichkeiten dar, ein Rechenzentrum einerseits mit den nötigen Leitungen für Energie und Datenverkehr, andererseits aber auch mit Kühlluft zu versorgen. Installierte Doppelböden beginnen daher heute bei einer Höhe von 300 mm und erreichen in Höchstleistungsrechenzentren Etagenhöhen von 2 bis 3 Metern oder sogar noch mehr. Durch die zweifache Funktion stellt der Doppelboden oft aber auch den Flaschenhals für die Versorgung der Racks mit konditionierter Luft dar. Die Verkabelung bzw. die Verrohrung für flüssige Kühlmedien stellen Strömungshindernisse für die Kühlluft dar. Die Folge: Die Klimaanlage muss verstärkt kalte Luft ins Rechenzentrum pumpen, um die benötigte Kühlwirkung zu erzielen. Mehr kalte Luft bedeutet aber höhere Klimatisierungskosten. Neben dem Kostenaspekt ist aber auch der Sicherheitsaspekt zu berücksichtigen, wie etwa das Vermeiden so genannter Hot-Spots im Rack bzw. die Vermeidung von Fehlerquellen bei der Änderung der Kabelführung.

Daher sollte unnötige Hindernisse im Doppelboden eliminiert werden: Überflüssige Kabel müssen entfernt und die notwendigen Kabel so verlegt werden, dass sie keine hohen Kreuzungen bilden.

Um die Durchführungen für Kabelstränge und Leitungen so gut wie möglich abzudichten, empfiehlt sich zudem der Einsatz spezieller Bürstenleisten, die wechselseitig versetzt angeordnet selbst bei sehr großen Kabelmengen eine gute Abdichtung garantieren.

Schon in der Planungsphase sollte darauf geachtet werden, die Höhe des Doppelbodens ausreichend zu wählen, so dass auch bei später notwendigen Änderungen, z.B. der IT oder der Verkabelung, kein Engpass entsteht.

Die Warmgang/Kaltgang-Aufteilung bietet auch Vorteile hinsichtlich Verkabelung im Doppelboden. Hier ergibt sich die Möglichkeit ein verbessertes Kabelmanagement auszuführen, sowohl innerhalb der Racks als auch im Doppelboden. Soweit möglich sollte dabei die Kabelführung auf den Warmgang beschränkt werden, um die freie Luftströmung im Kaltgang zu gewährleisten.

Erweiterung der Racktiefe

Die Racktiefe ist eine für die Ausrüstung eines Rechenzentrums sehr bedeutende Größenangabe. In der üblichen Aufstellung mit abwechselnden Warm- und Kaltgängen ist die Racktiefe ein Bestimmungsfaktor für die Achsenabstände innerhalb des Rechenzentrums.

Bis vor einigen Jahren war bei Serverracks eine Tiefe von 1000mm Standard. In den vergangenen Jahren sind auch Racks mit größeren Tiefen von 1070mm, 1100mm oder 1200mm auf den Markt gebracht worden.

Die Ursachen dafür liegen zum einen in der Einführung von Servern mit einer Einbautiefe größer als der Standard von 740mm und zum anderen an dem Wunsch nach mehr Raum hinter den Einbauten für die Verkabelung sowie für Steckdosenleisten (Power Distribution Units (PDUs)).

Bei geschlossenen Schrankkühllösungen und Schränken mit sehr hoher Wärmelast können auch noch größere Schranktiefen erforderlich sein, da vor und hinter den 19"-Einbauten zusätzlicher Raum für den Transport der sehr großen Kühlluftmengen (bis zu 6.000 cbm/h in einem Schrank) benötigt wird. Hierfür sind auch Schranktiefen von 1300mm, 1400mm und 1500mm auf dem Markt erhältlich.

Wie im Doppelboden gilt auch im Rack, dass ein intelligentes Kabelmanagement unter Zuhilfenahme aktuell verfügbarer Techniken und Produkten für eine optimale und energieeffiziente Kühlung notwendig sind. Die Verkabelung darf den Luftstrom nicht behindern.

2.4.4 Freie Kühlung

Bei der Klimatisierung von Rechenzentren kann insbesondere in kalten und gemäßigten Klimazonen die Freie Kühlung eingesetzt werden. Es wird zwischen der direkten Freien Kühlung und der indirekten Freien Kühlung unterschieden. Entsprechende Klimaanlagen werden seit mehr als 30 Jahren gebaut. Die Ausführung der Anlagen hat sich in den letzten Jahren aufgrund von technologischen Fortschritten (Mikroprozessorregelung, drehzahlgeregelte Komponenten etc.) weiter entwickelt, wodurch immer größere Energieeinsparungspotenziale erschlossen wurden.

Bei der direkten Freien Kühlung sind die Klimageräte zusätzlich zu dem Kältekreislauf mit einem Luftklappensystem ausgestattet. Die Klappensteuerung ermöglicht es, Außenluft in den Raum und Raumluft wieder nach außen zu leiten oder auf einen Umluftbetrieb umzusteuern, d.h. die Luft wird nur im zu klimatisierenden Raum umgewälzt und über den Kältekreislauf gekühlt.

Die direkte Freie Kühlung bietet erhebliche Energieeinsparungspotenziale. Steigt die Außentemperatur an, steuert das Klimagerät in den Mischbetrieb und dem Luftstrom wird zusätzlich Wärme über den Kältekreislauf entzogen. Bei weiter steigenden Temperaturen wird der Kältekreislauf immer häufiger betrieben, bis schließlich das Klimagerät die Zufuhr von Außenluft über das Luftklappensystem ganz unterbindet und das Klimagerät im Umluftbetrieb arbeitet. Im Umluftbetrieb bei hohen Außentemperaturen übernimmt der Kältekreislauf vollständig den Wärmeentzug aus dem Umluftstrom und somit aus der ITK-Ausstattung. In dieser Betriebsweise ist der Energiebedarf des Systems dann auch am höchsten.

Anwendung findet die direkte Freie Kühlung insbesondere bei kleineren Einrichtungen, hier seien z.B. Mobilfunkcontainer/–shelter erwähnt. Aufgrund der Tatsache, dass für größere Anwendungen mit höherer Wärmelast im Verhältnis auch immer größere Außenluftmengen durch die Gebäudehülle in den Raum geführt werden müssen und bei der Rechenzentrumsklimatisierung die Raumluftfeuchte innerhalb einer engen Toleranz geregelt werden muss, scheidet die direkte Freie Kühlung für diese Anwendungen in vielen Fällen aus.

Darüber hinaus ist im Betrieb der Anlagen mit direkter Freier Kühlung ein besonderes Augenmerk auf die Luftfilter zu legen. Die hohen Außenluftmengen verkürzen insbesondere an staubbelasteten Standorten drastisch die Filterstandzeit und reduzieren die Leistungsfähigkeit der Klimaanlage und erhöhen die Betriebskosten.

Im Unterschied zu der direkten Freien Kühlung weist die indirekte Freie Kühlung die beschriebenen Nachteile nicht auf und ist gut für die Rechenzentrumsklimatisierung geeignet. Hier wird die Außenluft zur Entwärmung der ITK-Ausstattung nicht direkt genutzt. In der Regel wird dabei ein Wasser/Glykolgemisch an der Außenluft ohne den Betrieb eines Kältekreislaufes abgekühlt und im Raum zur Abkühlung des Umluftstroms genutzt. Das zwischengeschaltete Wasser/Glykolgemisch übernimmt die Funktion des Kälteträgers und zirkuliert mittels Pumpen in einem Rohrleitungssystem.

Die zusätzlichen Komponenten für die indirekte Freikühlungsfunktion bringen zwar höhere Investitionskosten für das Klimatisierungssystem mit sich, diese Mehrkosten werden aber in der Regel mittelfristig durch erheblich geringere Betriebskosten kompensiert.

Die Art und Ausführung der Systeme der indirekten Freien Kühlung unterscheidet sich zum Teil erheblich und lässt sich in drei Gruppen kategorisieren:

- Klimageräte mit integrierter Freikühlungsfunktion und Rückkühlwerk (kleinere und mittlere Räume),
- kaltwassergekühlte Klimageräte mit zentraler Kaltwassererzeugung und integrierter Freikühlfunktion in den Kaltwassererzeugern (mittlere und große Räume),
- kaltwassergekühlte Klimageräte mit zentraler Kaltwassererzeugung und externer Freikühlfunktion über Rückkühlwerk (große Räume).

Die Systemauslegung der indirekten Freien Kühlung muss sich am Jahrestemperaturverlauf des jeweiligen Standortes orientieren. Eine sorgfältige Auslegung aller Systemkomponenten ist notwendig, damit das System im späteren Betrieb die größtmögliche Energieeinsparung realisieren kann. Dabei hat in der Anlagenkonzeption der Parameter Raumtemperatur einen entscheidenden Einfluss auf die Systemauslegung und auf die Energieeffizienz. Eine höhere Raumtemperatur kann über einen längeren Betriebszeitraum durch die indirekte Freie Kühlung ohne Einsatz von zusätzlicher Kälteerzeugung gewährleistet werden und trägt somit unmittelbar zur Energieeinsparung bei.

Darüber hinaus sollten moderne Klimatisierungssysteme flexibel auf Teillastzustände der Ausstattung reagieren und bedarfsgerecht die entsprechende Kälteleistung mit dem niedrigsten Energieeinsatz zur Verfügung stellen. Dies kann über eine Anhebung der Kaltwassertemperatur erfolgen, da die Betriebszeit der Freien Kühlung auf diesem Weg weiter maximiert werden kann. Die Skalierbarkeit ist insbesondere bei einem schrittweisen Ausbau der Ausstattung oder bei wechselnden Wärmelasten von besonderer Bedeutung.

Welches System Anwendung findet, muss in einer Wirtschaftlichkeitsbetrachtung ermittelt werden. Dabei müssen auch die Aufstellsituationen, Lasten und akustischen Bedingungen betrachtet werden, um letztendlich eine machbare Variante auswählen zu können.

2.4.5 Temperaturen im Rechenzentrum

Der Energietransport in großen Rechenzentren findet zu ca. 90 % durch eine Wasser/Glykol-Mischung (Sole) statt. Der große Vorteil von Sole als Wärmeträger gegenüber Direktverdampfungssystemen ist die Möglichkeit, bei Freikühlungssystemen ab bestimmten Außentemperaturen die kalte Außenluft gezielt zur Kühlung des Rechenzentrums auszunutzen.

Um diesen Effekt maximal nutzen zu können und den latenten Anteil der Kühlung möglichst gegen Null zu senken, sollte das Temperaturniveau der Sole im Rechenzentrum möglichst hoch liegen, z.B. bei ca. 12°C Vorlauftemperatur und ca. 18°C Rücklauftemperatur. Noch höhere Temperaturen sind hinsichtlich der Energieeffizienz noch besser.

Die mittlere Raumlufttemperatur im Rechenzentrum korrespondiert direkt mit der Solevorlauftemperatur. Untersuchungen der Schweizerischen Bundesanstalt für Energiewirtschaft haben ergeben, dass im Bereich von 22-26°C jedes Grad Raumtemperaturerhöhung zu einer Energieeinsparung von ca. 4 % führt.[11] Durch die höhere Raumlufttemperatur lassen sich höhere Kaltwasservorlauftemperaturen fahren, diese erlauben den Freikühlbetrieb wesentlich länger zu betreiben und bewirken einen wesentlich höheren Wirkungsgrad (EER).[12]

[11] Vgl. Bundesamt für Energiewirtschaft: Risikofreier Betrieb von klimatisierten EDV-Räumen bei 26° C Raumtemperatur, Bern 1995.

[12] Die Raumlufttemperatur ist nur bei Kühlung der Rechenzentren mit Luft von Bedeutung. Werden beispielsweise ausschließlich wassergekühlte Serverracks eingesetzt, ist die Raumlufttemperatur nicht mehr entscheidend für die Energieeffizienz der Rechenzentren. In diesem Fall muss mehr Augenmerk auf die Systemtemperaturen auf der Wasserseite in den Racks gelegt werden.

2.4.6 Leistungsregelung

Eine Leistungsregelung der klimatechnischen Anlagen und Systeme ist für den energieeffizienten und energieoptimierten Betrieb eines Rechenzentrums unabdingbar. Dabei müssen die einzelnen für den Wärmetransport verantwortlichen Baugruppen wie Umluftkühlgeräte, Kaltwassersätze, Chiller, Rückkühler und Kondensatoren einzeln betrachtet und optimal aufeinander abgestimmt werden. Eine auf Energieeffizienz optimierte Leistungsregelung muss sowohl den Luft- als auch den Wasser-/Kältemittelkreislauf umfassen.

Wie bei jedem technischen Gerät, so kann auch bei den Präzisionskühlern an vielen unterschiedlichen Bauteilen der Energiesparhebel angesetzt werden. Großes Einsparpotenzial steckt beispielsweise in der richtigen Wahl der Ventilatoren. Denn diese laufen 24 Stunden am Tag und somit 8760 Stunden im Jahr. Unter diesem Gesichtspunkt haben sich die EC-Ventilatoren (EC: Electronically Commutated) innerhalb kürzester Zeit durchgesetzt. Der Leistungsbedarf solcher drehzahlgeregelten Ventilatoren sinkt erheblich bei reduziertem Luftvolumenstrom.

Bei Vorhaltung eines Klimagerätes zur Redundanz kann man erhebliche Energieeinsparungen erreichen, wenn alle Geräte gleichzeitig mit entsprechend reduzierter Drehzahl betrieben und nur bei Ausfall eines Gerätes die anderen auf Nenndrehzahl umgeschaltet werden.

Eine Leistungsregelung sollte die Klimatechnik aber nicht nur auf statische Betriebsbedingungen optimieren. Die anfallenden Wärmelasten im Rechenzentrum variieren über die Zeit je nach Auslastung der Einbauten, insbesondere sinken sie meist nachts und am Wochenende ab. Bei wechselnden Lasten ist es daher Aufgabe der Regelung, die Klimatechnik entsprechend der variierenden Wärmelasten dynamisch nachzustellen.

Insbesondere durch den Trend zur Servervirtualisierung entstehen hier völlig neue Möglichkeiten zur Effizienzsteigerung. Anwendungen können innerhalb kurzer Zeit auf andere physische Server umziehen, in Schwachlastzeiten können komplette Schränke oder gar Schrankreihen von Anwendungen leer geräumt und abgeschaltet werden. Die Klimatechnik ist darauf entsprechend anzupassen, indem beispielsweise einzelne Umluftkühlgeräte abgeschaltet oder mehrere dieser Geräte heruntergeregelt werden.

Möglich ist es auch, durch eine gezielte Leistungserfassung der Racks mittels Zu- und Ablufttemperaturfühler, direkt auf die Leistungsaufnahme und den Luftvolumenstrom der Klimaschränke Einfluss zu nehmen. Es ergeben sich dabei Einsparpotenziale von 30 % bis 60 % der aufgewendeten Klimatisierungsenergie.

Während die Betriebsbedingungen am Auslegungspunkt der Systeme – also bei maximaler Wärmelast – relativ fest sind, können bei verminderter Wärmelast über eine Leistungsregelung verschiedene Parameter verändert werden. Dabei sind insbesondere folgende Ansätze möglich:

- Im Luftkreis kann die Luftmenge durch den Einsatz von drehzahlgeregelten Lüftern minimiert werden. Hierbei ist der Mindestdruck von 25Pa im Doppelboden zu beachten.
- Die Vorlauftemperatur im Fluidkreis kann – unter Berücksichtigung der jeweils aktuellen Betriebsbedingungen – möglichst hoch eingestellt werden.
- Durch eine dynamische Regelung des Einschaltpunktes der Freien Kühlung kann eine längere Kühlung ohne Einsatz des Kompressors der Kältemaschine ermöglicht werden.

Damit werden die Hauptkomponenten im Energieverbrauch der Klimatechnik optimiert:

- Die für die Luftumwälzung erforderliche Antriebsenergie der Lüfter sinkt.
- Die Antriebsleistung der Kältemaschinen in den Chillern sinkt, da deren Wirkungsgrad mit sinkender Differenz zwischen Abgabetemperatur und Vorlauftemperatur steigt.
- Die Zeiten, in denen auf aktive Kälteerzeugung verzichtet und mit Freier Kühlung gefahren werden kann, verlängern sich bedeutend.

Ein wichtiger Aspekt, um einen energieeffizienten Rechenzentrumsbetrieb zu gewährleisten, ist die regelmäßige Wartung aller Anlagen, die auch gesetzlich vorgeschrieben ist. Vor allem verschmutzte Filter bedeuten einen erheblichen Energieverbrauch durch die dadurch steigende Ventilatorleistung, bzw. Pumpenleistung im Wasserkreis. Eine Leistungsregelung bietet nur dann die optimale Ausnutzung, wenn die Anlagen gut gewartet werden.

2.5 Optimierung der Stromversorgung

2.5.1 Überblick

Die Stromversorgung hat einen Anteil von ca. 10 bis 15 % am Stromverbrauch eines Rechenzentrums. Hauptansatzpunkt für Verbesserungen stellt oft die Unterbrechungsfreie Stromversorgung (USV) dar. In diesem Abschnitt wird daher im Anschluss an einen generellen Überblick über die Stromversorgung eines Rechenzentrums der Einfluss der USV auf den Energieverbrauch dargestellt. Außerdem werden verschiedene USV-Konzepte beleuchtet und kurz auf den Zielkonflikt zwischen Sicherheit und Energieeffizienz eingegangen.

Anschließend wird auf einen weiteren Ansatzpunkt zur Optimierung der Stromversorgung eingegangen: Der Einsatz von intelligenten Steckdosenleisten. Diese sind über IP-Netzwerke fernsteuerbar und ermöglichen insbesondere eine integrierte Leistungsmessung.

2.5.2 Stromversorgung beim Gebäudemanagement

Um den effizienten Einsatz der elektrischen Energie zu erreichen, ist bereits bei der Planung der Versorgungswege zunächst eine Klassifizierung der elektrischen Verbraucher hinsichtlich der Sicherheitsanforderungen wichtig. Diese Art der Klassifizierung ist in Tabelle 2-3 beschrieben.

Tabelle 2-3: Art der Stromversorgungseinspeisung[13]

Art	Beispiel
Allgemeine Stromversorgung (AV)	Versorgung aller im Gebäude vorhandenen Anlagen und Verbraucher
Sicherheitsstromversorgung (SV)	Versorgung von Anlagen, die im Gefahrenfall schützen, z.B.: Sicherheitsbeleuchtung Feuerwehraufzüge Löschanlagen
Unterbrechungsfreie Stromversorgung (USV)	Versorgung empfindlicher Verbraucher, die bei AV-Ausfall/Störung unterbrechungsfrei weiterbetrieben werden müssen, z.B.: Server/Rechner Kommunikationstechnik Leitsysteme Notbeleuchtung, Tunnelbeleuchtung

Die Gebäudeeinspeisung erfolgt bei der allgemeinen Stromversorgung (AV) entweder über einen direkten Anschluss an das öffentliche Netz (in der Regel bis 300 kW bei 400 V) oder über das Mittelspannungsnetz (bis 52 kV) über Verteiltransformatoren bis 2 MVA. Für die Netzersatzversorgung (Netzersatzanlage NEA) wird entsprechend der zulässigen Unterbrechungszeit nach Sicherheitsversorgung (SV) und Unterbrechungsfreie Stromversorgung durch USV-Systeme unterschieden. Abbildung 2-8 zeigt diese Aufteilung.

13 Vgl. Totally Integrated Power: Applikationshandbuch – Grundlagenermittlung und Vorplanung (Siemens AG); 2006

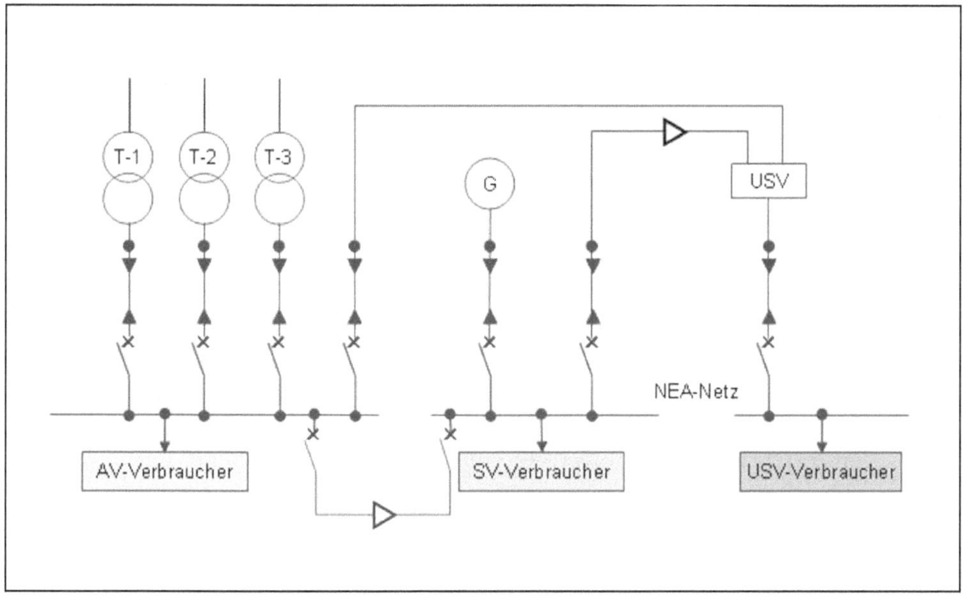

Abbildung 2-8: Netzstruktur nach Verbraucheranforderungen[14]

Ein interessantes Beispiel für die Bedeutung der Unterbrechungsfreien Stromversorgung für Energieeffizienz und Ausfallsicherheit liefert die Klimatisierung im Rechenzentrum. Grundsätzlich führt eine Unterbrechung der Stromversorgung für Klimageräte zu keinen Schwierigkeiten, wenn der Generator für die Sicherheitsstromversorgung (SV) wie geplant binnen 10 oder 15 Sekunden startet. Aber falls der Generator nicht anspringt, kommt es unter Umständen auf der SV-Schiene zu Problemen. Durch den Ausfall der Klimatisierung im Rechnerraum könnten die Computer, Plattensysteme und Server während des Shutdowns überhitzen und schlimme Hardwaredefekte die Folge sein. Also macht eine zumindest teilweise Einordnung der Klimatisierung zur USV-Schiene Sinn.

Um dennoch keine Einbußen hinsichtlich der Energieeffizienz zu erhalten, kann das Energiemanagement bei der USV-Absicherung der Klimatisierung folgendermaßen ausgelegt werden. Moderne USV-Geräte bieten über digitale Regelung und den statischen Bypass-Schalter die Möglichkeit einen sogenannten „Digital-Interactive-Mode" für Klimageräte zu nutzen. Dabei werden die Klimageräte, unter Umgehung der verlustbehafteten USV-Leistungselektronik, direkt über das Netz versorgt. Durch die USV-Überwachung wird bei Problemen mit dem Strom-

14 Quelle: Totally Integrated Power: Applikationshandbuch – Grundlagenermittlung und Vorplanung (Siemens AG); 2006

versorgungsnetz unterbrechungsfrei auf den bereit stehenden sicheren USV-Pfad umgeschaltet.

2.5.3 Der Einfluss von USV-Systemen auf den Energieverbrauch

In der Regel werden heute in Rechenzentren USV-Anlagen verwendet, die mit Batterien arbeiten. Diese können einen Stromausfall von wenigen Minuten bis zu – in Einzelfällen – eine Stunde und mehr überbrücken. Es sind aber auch USV-Anlagen im Einsatz, in denen kinetische Energie mit Hilfe von Schwungrädern gespeichert ist. Außerdem sind erste Anlagen mit Brennstoffzellen am Markt verfügbar.

Wird die IT des gesamten Rechenzentrums über die USV abgesichert, so hat deren Wirkungsgrad einen erheblichen Einfluss auf den Energieverbrauch. In Tabelle 2-4 ist beispielhaft dargestellt, welche Energieeinsparungen und damit CO_2-Minderungen durch die Modernisierung einer USV für ein größeres Rechenzentrum mit 1 MW Wirkleistung der abgesicherten Verbraucher erreicht werden könnten. Bei einer durchaus realistischen Wirkungsgradverbesserung von 5 Prozentpunkten ergibt sich eine Einsparung des durch die USV bedingten Stromverbrauchs von 760 MWh jährlich. Das entspricht 41,6 % und einer CO_2-Minderung von 469 t jährlich. In der Berechnung ist berücksichtigt, dass die Stromverluste in der USV zu einer Temperaturerhöhung im Rechenzentrum führen und damit die notwendige Kühlleistung erhöhen.

Tabelle 2-4: Rechenbeispiel zur Modernisierung einer USV

	Alte USV	Neue USV
Wirkleistung der über die USV abgesicherten Verbraucher	1 MW	1 MW
Wirkungsgrad der USV	87 %	92 %
Verlustleistung der USV	149 kW	87 kW
Energieverbrauch der USV pro Jahr	1.305.240 kWh	762.120 kWh
Durch die USV bedingter Energieverbrauch für die Kühlung pro Jahr (CoP - Coefficient of Performance für die Kühlung =0,4)	522.096 kWh	304.848 kWh
Insgesamt durch die USV bedingter Energieverbrauch pro Jahr	1.827.336 kWh	1.066.968 kWh
Energieeinsparung pro Jahr	760.368 kWh (= 41,6 %)	
CO2-Ersparnis pro Jahr (Deutscher Strom-Mix: 617 g/kWh)	469,15 t	

Eine Hilfestellung bei der Auswahl einer USV liefert der Code of Conduct für USV[15]. Er dokumentiert das vorläufige Ergebnis einer Vereinbarung von USV-Herstellern mit der EU-Kommission zu Zielvorgaben an die Wirkungsgrade von USV-Anlagen ab 2008. Abbildung 2-9 zeigt beispielhaft die Zielvorgaben für USV-Anlagen vom häufig verwendeten Typ VFI-S (Voltage and Frequency Independent – sinusoidal under all kinds of loads).

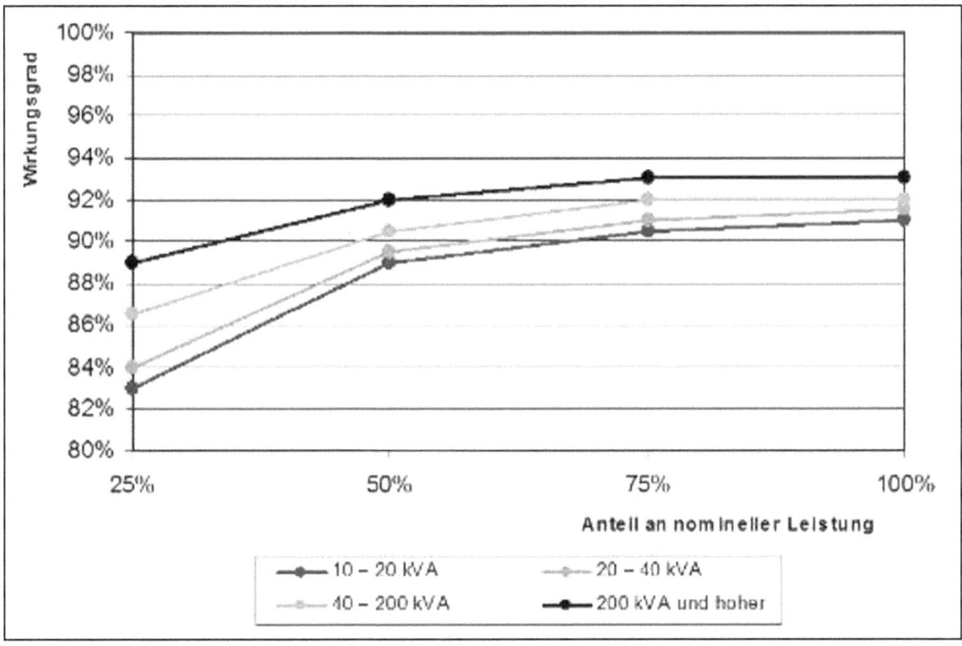

Abbildung 2-9: Zielvorgaben für Wirkungsgrade von Unterbrechungsfreien Stromversorgungen (Typ VFI-S) nach Code of Conduct für USV

2.5.4 USV-Anlagen und Ausfallsicherheit

Die USV ist ein wesentlicher Bestandteil der Stromversorgungsinfrastruktur von Rechenzentren. Für USV-Systeme spielt neben dem Begriff „Effizienz" besonders die gebotene Sicherheit beim Energiemanagement eine große Rolle. Grundsätzlich wäre es die energieeffizienteste Lösung, gänzlich auf eine USV-Anlage zu verzichten. Damit würde aber ein in der Regel nicht hinnehmbares Ausfallrisiko in Kauf genommen. Im Falle einer USV-Anlage ist also folgendes Optimierungsproblem zu

15 European Commission: Code of Conduct on Energy Efficiency and Quality of AC Uninterruptible Power Systems,

lösen: Zunächst ist festzulegen, welche Ausfallsicherheit der Stromversorgung für das gesamte Rechenzentrum bzw. für einzelne Systeme notwendig ist. Unter dieser Rahmenbedingung ist die wirtschaftlichste – und damit zumeist auch energieeffizienteste Lösung – zu wählen. Dieser Prozess kann durchaus eine oder mehrere Schleifen durchlaufen. Wird z.B. festgestellt, dass die gewählten Ausfallsicherheitsziele nicht finanzierbar sind, ist deren Anpassung nötig. Denkbar wäre beispielsweise nicht alle Systeme im Rechenzentrum gleich ausfallsicher zu gestalten, sondern hier eine Unterscheidung zu treffen, wie gefährdend ein Ausfall für den Unternehmenserfolg wäre. Umgekehrt ist auch denkbar, dass die Anforderungen an die Ausfallsicherheit im Zeitverlauf zunehmen und daher in einen Ausbau der USV-Anlage investiert wird.

Man kann die USV also als eine Art „Versicherung" betrachten, bei der die eingesetzte elektrische Energie beim USV-Betrieb vergleichbar mit den Prämienzahlungen die Versicherungsleistungen ist. Der Versicherungsnehmer legt zunächst fest, welche Versicherungsleistungen er benötigt und sucht dann eine Versicherung mit niedrigen Prämienzahlungen.

Eine übersichtliche Darstellung zu Aufbau und Auslegung von USV-Anlagen aus dem Rechenzentrumsbereich, mit Ausführungsvorschlägen für die einzelnen Gewerke, bietet der Leitfaden „Betriebssicheres Rechenzentrum" und die Planungsmatrix „Betriebssicheres Rechenzentrum" des BITKOM.[16]

An dieser Stelle soll noch auf verschiedene Redundanzkonzepte bei USV-Anlagen eingegangen werden. Auch eine USV kann ausfallen und damit die Stromversorgung der IT gefährden. Redundanz bei der USV bedeutet in der Regel Wirkungsgradverluste. Typische USV-Anlagen haben geringe Wirkungsgrade bei geringer Auslastung und die besten Wirkungsgrade bei Volllast. Hier gilt es ebenfalls zwischen Sicherheit und Effizienz in den Planungsbetrachtungen abzuwägen.

Einzel-USV-Anlagen

Bei Einzelanlagen ist die Dimensionierung immer ein kritischer Faktor, da diese Anlagen auf die zu erwartende Last in der Zukunft dimensioniert werden. Aus Angst zu früh an Leistungsgrenzen zu stoßen, werden diese Anlagen häufig großzügig überdimensioniert, was zu geringer Auslastung und damit zu unnötigen Verlusten führt.

Zwei USV-Anlagen im Parallelbetrieb für N+1-Redundanz (auch 1+1)

Hierbei handelt es sich um eine Aufbauform im Leistungsbereich zwischen ca. 20 kVA / kW und 250 kVA / kW Einzelblockleistung, da sie bessere Verfügbarkeitswerte liefert als Einzelanlagen. Bei dieser Anlagenkonfiguration ist das Thema Dimensionierung ebenso wie bei Einzelanlagen auf eine mögliche Endleistung

[16] Beide Publikationen stehen zum kostenlosen Download auf der BITKOM-Webseite zur Verfügung.

ausgelegt und wird noch dazu verschärft, weil jede Anlage nur bis max. 50 % ausgelastet werden darf, da sonst das Redundanzkonzept nicht mehr greift.

Mehrere USV-Anlagen im Parallelbetrieb für N+1-Redundanz

Hierbei handelt es sich um eine Aufbauform im Leistungsbereich zwischen ca. 20 kVA / kW und 1000 kVA / kW Einzelblockleistung, da sie bessere Skalierbarkeit bietet als zwei USV-Anlagen im Parallelbetrieb. Bei dieser Anlagenkonfiguration kann durch einen - auf die gewünschte Endleistung dimensionierten - externen Servicebypassschalter mit der entsprechenden Anzahl von USV-Anschlussmöglichkeiten die für die momentane Leistung und den Redundanzgrad notwendigen USV-Anlagen installiert werden. Bei einem höheren Leistungsbedarf können eine oder mehrere USV-Anlagen im laufenden Betrieb hinzugefügt werden. Damit sind höhere Auslastungsgrade zu erreichen als bei der 1+1 Konfiguration und der Betrieb der USV-Anlagen bei geringeren Verlusten.

Modulare USV-Anlagen mit Leistungsmodulen im Parallelbetrieb für N+1-Redundanz

Hierbei handelt es sich um eine Aufbauform im Leistungsbereich zwischen ca. 10 kVA / kW und 200 kVA / kW Einzelmodulleistung, die eine einfachere Skalierbarkeit bietet als zwei oder mehrere USV-Anlagen im Parallelbetrieb. Bei modularen USV-Anlagen wird der Anlagenrahmen auf die gewünschte Endleistung ausgelegt. Die Leistungserhöhung kann im laufenden Betrieb der USV möglich sein, ohne einen externen Bypassschalter mit einer Vielzahl von USV-Anschlussmöglichkeiten vorzusehen. Es können viele Leistungsmodule parallel geschaltet werden, was den Auslastungsgrad je Modul erhöht und damit den Betrieb der USV-Anlagen bei geringeren Verlusten ermöglicht.

Zwei USV-Anlagen im unabhängigen Betrieb für 2N-Redundanz

Hierbei handelt es sich um ein hochverfügbares Redundanzkonzept mit zwei getrennten, unabhängigen, vollständig wartbaren Versorgungswegen. Bei den Auslastungen verhält sich diese Konfiguration identisch mit zwei USV-Anlagen im Parallelbetrieb für N+1-Redundanz (auch 1+1).

Weitere Redundanzkonzepte und die möglichen Auslastungsgrade der einzelnen USV-Anlagen bzw. Leistungsmodule können aus nachstehender Tabelle entnommen werden.

Tabelle 2-5: Auslastung von USV-Anlagen in verschiedenen Redundanzkonzepten (zulässige Maximalwerte unter Einhaltung der Redundanzklasse)

Redundanzgrad	**N**	**N+1**	**N+1**	**N+1**	**N+1**
Konfiguration	1	1+1	2+1	3+1	4+1
USV Anzahl	1	2	3	4	5
Auslastung pro USV in %	100	50	66	75	80
Redundanzgrad	**N**	**N+1**	**N+1**	**N+1**	**N+1**
Konfiguration	2	2 (1+1)	2 (2+1)	2 (3+1)	2 (4+1)
USV Anzahl	2	4	6	8	10
Auslastung pro USV in %	50	25	33	37,5	40

Die Angaben zu Wirkungsgraden sind eine gute Orientierungshilfe bei der Planung einer USV, sie ergänzen die USV-Klassifizierungen. Doch aufgrund der allzu komplexen Beziehung zwischen Technik, Betrieb, Sicherheit, Umgebungsbedingungen und Störverhalten sollten sie nie der ausschließliche Maßstab für eine Bewertung sein.

2.5.5 Einsatz von intelligenten Steckdosenleisten im Rack

Neben Möglichkeiten der Optimierung der Energieeffizienz von USV-Anlagen bietet sich auch an, „intelligente" Steckdosenleisten zu verwenden, so genannte Smart Power Strips (SPS) die auf Seiten der Stromversorgung Energie sparen. Diese SPS, die nicht mehr wie frühere Steckdosenleisten nur das Unterbringen der Stecker übernehmen, zeichnen sich durch verschiedene Funktionen aus: einfaches Plug and Play, Modularität sowie leichten Zugriff auf unterschiedliche Stromkreise. Dazu kommen noch die Fernsteuerbarkeit über IP-Netzwerke und eine integrierte Leistungsmessung. Bedingt durch die erhöhten Anforderungen im Rechenzentrum wurden Sondervarianten mit angepassten Gehäusen und Belastungen entwickelt.

Typischerweise kommen zwei verschiedene Bauformen am Rack zum Einsatz:

- 19'' 1U oder 2U (8 Ports, bis 16 Ports),
- Stangen für seitliche Montage am Rack (12 Ports, 20 Ports).

Im funktionalen Bereich der Stromleisten sind drei Kategorien verfügbar:

- Passive Stromleisten für die IT-Umgebung,
- Schaltbare Stromleisten mit Steuereingang,
- Intelligente Stromleisten mit Steuereingang und Messfunktionen.

Passive Stromleisten für die IT-Umgebung

Bei den einfachen Modellen gilt es zu beachten, dass die Leiste über eine ausreichende Anzahl von Steckdosen (Schuko- oder Kaltgeräteanschluss), sowie über eine hochwertige mechanische Qualität verfügt. Vom Einsatz von Steckdosenleisten mit Ein-Aus Schalter wird dringend abgeraten, da die Gefahr einer versehentlichen Abschaltung durch mechanische Berührung viel zu groß ist. Optional kann eine Variante mit Überspannungsschutz verwendet werden. Dies hilft bei der Vermeidung von Defekten durch kurzzeitig auftretende Spannungsspitzen. Die wesentlichen Nachteile der einfachen Variante sind die unvermeidbaren Einschaltspitzen (alle Verbraucher werden gleichzeitig eingeschaltet), sowie die fehlende Steuerung hinsichtlich An- und Abschalten und Verbrauchsmessungen.

Schaltbare Stromleisten mit Steuereingang

Die Weiterentwicklung der Kategorie 1 umfasst schaltbare Stromleisten mit einem Steuereingang (z.B. seriell RS232, teilweise Ethernet), die eine kontrollierte Inbetriebnahme von Geräten ermöglichen. Die Steuerung der Leisten erfolgt typischerweise über einen darüber geschalteten Keyboard-Video-Mouse-Switch (KVM-Switch), der auch die Gruppierung der einzelnen Steckdosen zu den angeschlossenen Geräten (z.B. Server) ermöglicht.

Intelligente Stromleisten mit Messfunktionen

Die neueste Generation von Stromleisten beinhaltet neben der Schaltfunktion auch die Möglichkeit, Verbrauchsmessungen (Gesamtverbrauch und Einzelmessung je Steckdose) durchzuführen, um somit hinsichtlich der Energieeffizienz im Rechenzentrum einen genauen Überblick bezüglich des Energieverbrauchs zu erreichen. Wichtig ist in diesem Zusammenhang eine Einzelmessung je Steckdose, um die genaue Lastverteilung im Rack festzustellen und gegebenenfalls für neue Server die beste räumliche Positionierung im Rechenzentrum zu finden. Eine Optimierung des Einsatzes der Kühl- und Klimatechnik kann hiermit erfolgen.

Die Messdaten lassen sich via Ethernet und SNMP mit einem Monitoring-Tool auslesen und als Verlauf protokollieren. Eine weitere Möglichkeit danach ist die Auswertung der einzelnen Verbraucher im Rahmen einer Kostenaufstellung für eine individuelle Zuordnung der Kosten je Verbraucher (z.B. Berechnung der Energiekosten je Abteilung oder Server). Intelligente Stromleisten verfügen darüber hinaus über weitere Funktionen wie z.B. Umgebungsmonitoring (Temperatur, Feuchtigkeit) sowie einstellbare Schwellwerte (z.B. Strom) mit Alarmfunktionen (Benachrichtigung via E-Mail oder SNMP).

Tabelle 2-6: Überblick Stromleisten

Kategorie	Einsatz in	Vorteile	Nachteile
Passive Leisten	einfache Installationen	Anschaffungspreis	keine Steuerung Stromspitzen bei Inbetriebnahme keine Messung
schaltbare Leisten	Rechenzentrum mit Servermanagement	Schaltfunktionen verzögertes Einschalten der Server	keine Verbrauchsmessung meist nur in Verbindung mit KVM Switch oder Consoleserver
intelligente Leisten	Energieeffiziente Rechenzentren	ermöglicht volle Kontrolle über Geräte und Energieverbrauch autark einsetzbar	Anschaffungspreis

2.6 Energy Contracting

Das Management der Kühlung und Stromversorgung stellt eine anspruchsvolle Aufgabe für Rechenzentrums-Betreiber dar. Eine Möglichkeit, das Unternehmen selbst hinsichtlich dieser Aufgabe zu entlasten bietet Energy Contracting. Der Bezug von Energie über einen Dritten (Contractor) kann für den passenden Kunden (Contracting-Nehmer) verschiedene Vorteile haben. Zum Beispiel müssen keine Investitionen in die Energieanlage getätigt werden und die freiwerdenden Investitionen können an anderer Stelle verwendet werden.

Zu den Aufgaben des Contractors gehören in der Regel die Beratung, Planung, Finanzierung und der Betrieb von Energieanlagen. Dazu übernimmt der Dienstleister den Bezug von Strom, aber auch von Gas, Öl, Fernwärme oder auch Fernkühlung zu marktgerechten Konditionen auf der Basis ausgehandelter mittel- und langfristiger Bezugsverträge. Der Contractor bietet ein professionelles Energiemanagement und kann die für ein modernes Rechenzentrum notwendige Verfügbarkeit garantieren. Ebenso kann er Potenziale zur Reduzierung des Energieverbrauchs und des durch den Betrieb verursachten Schadstoffausstoßes nutzen. Umfassende Instandhaltungs- und Reparaturgarantien können ebenso zum Service eines Energy-Contractors gehören.

Die ökologischen und ökonomischen Potenziale können freigesetzt werden, da der Contractor aufgrund seiner Größe, Erfahrung und fachspezifischen Kompetenz

Maßnahmen ergreifen kann, für die beim Rechenzentrumsbetreiber selbst häufig keine personellen und finanziellen Ressourcen zur Verfügung stehen.

Literatur

- Aebischer, B. et al.: Concept de mesure standardisé pour les centres de calculs et leurs infrastructures, Genève 2008.
- ASHRAE: Thermal Guidelines for Data Processing Environments; 2004
- BITKOM - Bundesverband Informationswirtschaft, Telekommunikation und neue Medien e.V. (Hrsg.): Energieeffizienz im Rechenzentrum, Band 2 der Schriftenreihe Umwelt & Energie, Berlin 2008.
- BITKOM - Bundesverband Informationswirtschaft, Telekommunikation und neue Medien e.V. (Hrsg.): BITKOM-Matrix Ausfallzeit Rechenzentrum V5.0, Berlin 2009.
- BITKOM - Bundesverband Informationswirtschaft, Telekommunikation und neue Medien e.V. (Hrsg.): Energieeffizienzanalysen in Rechenzentren, Band 3 der Schriftenreihe Umwelt & Energie, Berlin 2008.
- BITKOM - Bundesverband Informationswirtschaft, Telekommunikation und neue Medien e.V., Roland Berger (Hrsg.): Zukunft digitale Wirtschaft, Berlin 2007.
- BITKOM - Bundesverband Informationswirtschaft, Telekommunikation und neue Medien e.V. (Hrsg.): Betriebssicheres Rechenzentrum, Berlin 2006.
- BMU - Bundesministerium für Umwelt, Naturschutz und Reaktorsicherheit (Hrsg.): Energieeffiziente Rechenzentren. Best-Practice-Beispiele aus Europa, USA und Asien, Berlin 2008.
- Brill, Kenneth G.: Data Center Energy Efficiency and Productivity, White Paper, The Uptime Institute, 2007.
- Bundesamt für Energiewirtschaft: Risikofreier Betrieb von klimatisierten EDV-Räumen bei 26° C Raumtemperatur, Bern 1995.
- European Commission: Code of Conduct on Energy Efficiency and Quality of AC Uninterruptible Power Systems, Online unter: http://re.jrc.ec.europa.eu/energyefficiency/pdf/Code%20of%20conduct%20UPS%20efficiency-V1-2006-12-22%20Final.pdf); 2006
- European Commission: Code of Conduct on Data Centres, Online unter http://re.jrc.ec.europa.eu/energyefficiency/html/standby_initiative_data%20centers.htm; 2008
- EPA: ENERGY STAR® Program Requirements for Computer Servers, verfügbar unter http://www.energystar.gov/index.cfm?c=new_specs.enterprise_servers; 2009.

- Fichter, Klaus: Energieverbrauch und Energiekosten von Servern und Rechenzentren in Deutschland - Trends und Einsparpotenziale bis 2013, Borderstep Institut, Berlin 2008.
- Fichter, Klaus: Zukunftsmarkt energieeffiziente Rechenzentren. Studie im Auftrag des Bundesministeriums für Umwelt, Naturschutz und Reaktorsicherheit (BMU), (Borderstep Institut); 2007
- Greenberg, S.; Tschudi, W.; Weale, J.: Self Benchmarking Guide for Data Center Energy Performance, Version 1.0, May 2006, Lawrence Berkeley National Laboratory, Berkeley, California, 2006
- The green grid: The Green Grid Metrics: Data Center Infrastructure Efficiency (DCIE) Detailed Analysis, 2008
- The Green Grid: GREEN GRID METRICS: Describing Datacenter Power Efficiency. Technical Committee White Paper, February 20, 2007
- Totally Integrated Power: Applikationshandbuch – Grundlagenermittlung und Vorplanung (Siemens AG); 2006
- US EPA (U.S. Environmental Protection Agency, Energy Star Program): Report to Congress on Server and Data Center Energy Efficiency, Public Law 109-431; 2007
- White paper: The classifications define site infrastructure performance (The Uptime Institute Inc.); 2001-2006

3 Stromsparen durch Virtualisierung

Von Martin Niemer

Martin Niemer ist Senior Product Marketing Manager EMEA bei VMware

3.1 Virtualisierung – mehr Leistung, weniger Energie

Der Traum eines jeden Administrators: Noch mehr Leistung aus seinen Servern ziehen und dabei niedrigere Stromkosten haben. Klingt wie ein Märchen, aber ein wenig Wahrheit ist immer dabei. Im Falle von Lösungen, die auf der Virtualisierung von Servern und Desktops basieren, stimmt die Geschichte sogar in großem Maße. Über die Virtualisierung und die Konsolidierung von Hardware-Servern in virtuelle Server können die Energiekosten signifikant gesenkt werden.

3.1.1 Serverkonsolidierung

Unternehmenswachstum bedingt ausnahmslos auch eine Vergrößerung der IT-Infrastruktur. Oft werden für neue Anwendungen zusätzliche Server angeschafft, was dazu führen kann, dass zahlreiche Server nicht ausgelastet sind, die Netzwerkverwaltungskosten steigen und die Flexibilität und Zuverlässigkeit sinken.

Virtualisierung kann einem übermäßigen Anstieg der Serveranzahl entgegenwirken, die Serververwaltung vereinfachen und die Serverauslastung sowie die Flexibilität und Zuverlässigkeit des Netzwerks immens verbessern. Erreicht wird dieses Ziel durch die Konsolidierung mehrerer Anwendungen auf einige wenige Unternehmensserver.

Mittels Konsolidierung und Virtualisierung lässt sich die Serveranzahl von einigen Hundert auf wenige Dutzend reduzieren. Eine geringe Serverauslastung von zehn Prozent oder weniger kann auf sechzig Prozent und mehr gesteigert werden. Die Flexibilität, Zuverlässigkeit und Effizienz der IT-Infrastruktur werden dadurch gestärkt.

3.1.2 Virtuelle Infrastrukturen

Die Virtualisierung ermöglicht den Einsatz von verschiedenen Anwendungen – sogar verschiedenen Betriebssystemen – gleichzeitig auf demselben Unternehmensserver, da der Server in mehrere virtuelle Maschinen (VMs) partitioniert wird. Jede VM verhält sich wie ein einzelner Standalone-Server, der jedoch unter der Partition eines virtuellen Servers läuft.

Werden mehr Anwendungen auf einem einzigen Server ausgeführt, so erhöht sich einerseits die Servereffizienz und andererseits sinkt die Anzahl der Server, die verwaltet und gewartet werden müssen. Bei steigender Last können VMs rasch eingerichtet werden. Sie bieten eine flexible Lösung, wenn sich die Anforderungen ändern, und erfordern keine Investition in neue Server. Mit der Technologie wie zum Beispiel von VMware, SWsoft und Xen-Source können IT-Administratoren laufende VMs von einem Server auf einen anderen transferieren, ohne den Serverbetrieb zu unterbrechen.

3.1.3 Energieeffizienz

In der IT hat im Laufe der letzten Monate ein Paradigmenwechsel stattgefunden. War bisher die reine Rechenleistung bei vorhandener Infrastruktur das primäre Ziel, so hat 2007 ein Wandel stattgefunden, bei der die zunehmende Infrastruktur ein limitierender Faktor bei verfügbarer Rechenleistung wird.

Das spiegelt sich vor allem bei den laufenden Kosten wider, wo Energie und Kühlung sich anschicken, die Investitionen für neue Server zu überholen. Analysten sprechen bereits von 40 Prozent, die für Energie aufgewendet werden könnten.

Um dieses Dilemma abzuwenden, setzen vielen Unternehmen auf die Virtualisierung in den Rechenzentren. Damit soll die Auslastung der Server gesteigert und damit die Energiekosten für den Betrieb und die Kühlung gesenkt werden. Doch geht die Rechnung nicht immer auf und es entstehen neue Anforderungen an die Verantwortlichen in den Rechenzentren.

3.1.4 Ökobilanz

Vorsichtigere Schätzungen gehen davon aus, dass Computer nur 30 Prozent der Zeit wirklich genutzt werden. Solche Szenarien zeigen deutlich, dass ein erheblicher Teil der IT-Energie derzeit sinnlos verschwendet wird.

Dabei sind es nicht nur die „Grünen" und ökologisch ambitionierte Personen, die sich Gedanken um die gigantischen Stromfresser machen, sondern auch in der Industrie setzt ein grünes Denken ein. Bisher lag in der IT bei den verantwortlichen Planern in Sachen Rechenzentren der Fokus ausschließlich auf Performance, Spiegelung, Redundanz und Raid-Level. Doch das hat sich schlagartig geändert und man macht sich jetzt doch Gedanken darüber, wie man die Kosten senken kann. Nicht zuletzt, da man davon ausgehen kann, dass die Strompreise in den nächsten

Jahren weiter steigen werden. So hat IBM jüngst eine Milliarde Euro bereitgestellt, um Rechner, Mainframes und die Architektur von Rechenzentren zu optimieren.

Virtualisierung von Prozessen gehört ebenso dazu wie die Reduzierung des eigentlichen Strombedarfs. IBM etwa prognostiziert, dass in etwa 500 m^2 großen Rechenzentren eine Energieeinsparung bis zu 42 Prozent erreicht werden kann. Eine solche Einsparung entspricht einer CO2-Emission in einer Größenordnung von ca. 7.400 Tonnen pro Jahr.

3.1.5 Green-IT

Solange das Hauptargument für Green-IT der Umweltschutz bleibt, wird sie keiner haben wollen. Dabei sprechen laut Analysten auch rein wirtschaftliche Gesichtspunkte für die Technologie. Dieses Kompendium wird auf den folgenden Seiten zeigen, dass sich Virtualisierungs- und Konsolidierungsprojekte in Verbindung mit Green-IT-Komponenten aus wirtschaftlicher Sicht schon alleine durch die Senkung der Stromkosten begründen lassen.

3.2 Unternehmen profitieren von Green-IT

Green-IT-Komponenten und die daraus entstehende Senkung der Energiekosten führen zu überraschenden Werten. Um diese Vorteile darzustellen, greifen wir auf einige Berechnungen der Experton-Group, ein unabhängiges Beratungs- und Marktforschungsunternehmen, sowie VMware zurück. Dabei ergeben sich einige interessante Aussagen, die die Entscheidungsfindung in den Unternehmen erheblich beschleunigen und erleichtern können.

Nach den Berechnungen gilt, dass

- sich die Virtualisierung schon alleine durch die Strom-Einsparung rechnet,
- sich das ROI von Virtualisierungs-/Konsolidierungsprojekten sehr schnell durch Stromeinsparung ergibt,
- bei einem realitätsnahen Fallbeispiel Gewinne von mehr als 25 Prozent in 5 Jahren erzielt werden,
- sowohl der Betrieb als auch die Kühlung gleichwertig zu den Kostensenkungen beitragen.

Anders als in vielen Betrachtungen zum Thema Green-IT geht es hierbei nicht um reine Umweltschutzgedanken und Diskussionen über die Entsorgung von Altgeräten oder Labels wie „Energy Star", sondern in erster Linie um die wirtschaftliche Betrachtung des Stromverbrauchs und damit eine effiziente Nutzung. Laut Analysten der Experton Group müssen folgende Faktoren in Verbindung mit der Berechnung und den erreichbaren Ergebnissen in Betracht gezogen werden:

- Stromverbrauch der dedizierten Server und Blades
- Stromverbrauch der Storage-Komponenten
- Stromverbrauch der Netzwerkkomponenten

- Stromverbrauch der Klimatisierung

Hinzu kommen weitere signifikante Einflussgrößen, die bei der Beispielrechnung noch nicht berücksichtigt wurden:

- Kapazitätserweiterung der Stromversorgung
- Kapazitätserweiterung des Rechenzentrums

Diese Parameter werden nun in zwei Beispielen eingesetzt und für eine Bewertung herangezogen: Das eine stammt von der Experton Group und zeigt ein typisches Fallbeispiel für den deutschen Markt, das andere Fallbeispiel von VMware dient als Grundlage für die Berechnung der Energieeffizienz von Rechenzentren.

3.2.1 Fallbeispiel: Experton Group

Das Marktforschungsunternehmen aus Südbayern setzt in seinen Berechnungen auf rein deutsche Parameter und fokussiert dabei auf ein klassisches mittelständisches Unternehmen, das in Deutschland weit verbreitet ist. Dabei wird von folgenden Eckwerten ausgegangen:

- mittelständischer Anwender (Industrie) mit 900 Mitarbeitern an 3 Standorten in Deutschland
- (selbst betriebenes) Rechenzentrum:
    - 25 dedizierte Server und 120 Blades in Racks
    - 10.000 GB Storage-Volumen (SAN/NAS)
    - sonstige Infrastruktur (Netzwerk, Bandlaufwerke, Klimaanlage)

Diese Infrastruktur benötigt ca. 1,2 MWh pro Jahr, was Kosten in Höhe von ca. 165.000 Euro entspricht.

Durch folgende Maßnahmen werden die Stromkosten gesenkt:

- Virtualisierung (bessere Ausnutzung der Ressourcen)
    - Reduzierung der dedizierten Server auf 19
    - Reduzierung der Blades auf 84
    - Reduzierung des Storage-Volumens auf 7.500 GB
    - Projektkosten hierfür: 100.000 Euro (60.000 Euro für Software, 5 Jahre Abschreibung, und 40.000 Euro für Services)
    - Einsparung der Stromkosten: 47.200 Euro pro Jahr
- Green-IT-Komponenten
    - Reduzierung der Leistungsaufnahme dedizierter Server auf 350 W
    - Reduzierung der Leistungsaufnahme der Blade Server auf 175 W
    - Mehrkosten der Green-IT-Komponenten: 184.200 Euro (5 Jahre Abschreibung)
    - Einsparung der Stromkosten (zusätzlich zu den Einsparungen durch Virtualisierung): 35.100 Euro pro Jahr

Bei einer (konservativen) fünfjährigen Wirtschaftlichkeitsbetrachtung dieses Beispiels zeigt sich, dass sich die Kosten für Virtualisierung und Green-IT-Komponenten bei konstanten Energiepreisen nach 32 Monaten amortisiert haben (siehe Tabelle 3-1). Dabei wurden die stark vom Einzelfall abhängigen Vorteile durch einfachere Administration und höhere Verfügbarkeit einer virtualisierten Umgebung noch nicht quantifiziert. Würde man die zusätzlichen Vorteile durch eine virtualisierte Umgebung und Strompreissteigerungen von 20 Prozent mit einbeziehen, käme man auf Amortisationszeiten von deutlich unter 18 Monaten.

Tabelle 3-1: Wirtschaftlichkeitsbetrachtung am Fallbeispiel eines deutschen Mittelstandunternehmens (Quelle: Experton Group).

	Jahr 0	Jahr 1	Jahr 2	Jahr 3	Jahr 4	Jahr 5	Gesamt
Kosten für Virtualisierung	-52.000,00 €	-12.000,00 €	-12.000,00 €	-12.000,00 €	-12.000,00 €	-12.000,00 €	-112.000,00 €
Kosten für Green-IT	-36.840,00 €	-36.840,00 €	-36.840,00 €	-36.840,00 €	-36.840,00 €	-36.840,00 €	-221.040,00 €
Kosten gesamt	-88.840,00 €	-48.840,00 €	-48.840,00 €	-48.840,00 €	-48.840,00 €	-48.840,00 €	-333.040,00 €
Stromeinsparung		**82.300,00 €**	**82.300,00 €**	**82.300,00 €**	**82.300,00 €**	**82.300,00 €**	**411.500,00 €**
Net Cash Flow	**-88.840,00 €**	**33.460,00 €**	**33.460,00 €**	**33.460,00 €**	**33.460,00 €**	**33.460,00 €**	**78.460,00 €**
Cumulate Cash Flow	**-88.840,00 €**	**-55.380,00 €**	**-21.920,00 €**	**11.540,00 €**	**45.000,00 €**	**78.460,00 €**	
Discount Rate	15%						
Net Present Value (NPV)	**23.323,00 €**						
Payback (months)	**32**						
Internal Rage of Return (iRR)	**26%**						

Diese – noch sehr einfach gehaltene – Wirtschaftlichkeitsbetrachtung führt zu noch positiveren Ergebnissen, wenn die Parameter „Investitionen zum Ausbau der Stromkapazität" und „Investitionen zum Ausbau der Rechenzentrumskapazität" berücksichtigt werden.

„Eine IT-Infrastruktur-Investition (Virtualisierung, Konsolidierung, Green-IT) lässt sich also allein durch eine Reduzierung der Stromkosten wirtschaftlich begründen", kommentiert Andreas Zilch, Vorstand der Experton Group. Diese Chance wird allerdings aktuell noch wenig genutzt, folgende Gründe sind dafür entscheidend:

- Es existieren noch keine soliden Modelle und wenig deutsche Beispielrechnungen zum Thema Energieeffizienz im Rechenzentrum.

- Die Stromkosten sind selten im Budget des IT-Leiters, damit sind die Einsparpotentiale auch nicht in seinem Fokus.

Das erste Thema wird die Experton Group aktiv angehen und ein umfangreiches Research-Projekt zum Thema Green-IT starten, welches die Bereiche Server, Storage, Netzwerk und Klimatisierung umfasst. Dabei werden insbesondere auch die technologischen Lösungsthemen Storage/Server/Netzwerk-Virtualisierung und -Konsolidierung betrachtet und bewertet. Zusätzlich sollten die Rechenzentrumsverantwortlichen und CIOs das Thema aktiv angehen und für die eigenen Zwecke nutzen. Hier sieht die Experton Group aus aktuellen Expertengesprächen ein deutliches Umdenken in die richtige Richtung.

Darüber hinaus sieht Wolfgang Schwab, Senior Advisor der Experton Group einen dringenden Handlungsbedarf auf Seiten der Rechenzentrumsverantwortlichen: „Derzeit sind die Stromkosten zwar in der Regel nicht Bestandteil des IT-Budgets, aber die anhaltende öffentliche Diskussion um CO2 und Green-IT wird früher oder später sowohl das Controlling als auch die Geschäftsleitung auf den Plan rufen, die dann prüfen, wer im Unternehmen sehr viel Energie verbraucht und welche Maßnahmen zur Senkung durchgeführt wurden. Dann entscheidet sich sehr schnell, wer durch Green-IT gewinnt oder durch Aussagen wie ‚wir sind noch in der internen Diskussion' verliert."

Für Rechenzentrumsverantwortliche, die das Thema Energiekosten aktiv angehen wollen, schlägt die Experton Group das folgende Vorgehen vor, das einerseits die Administration deutlich vereinfacht und andererseits zu erheblichen Energieeinsparungen führt:

1. Zentralisierung der IT auf möglichst wenige Rechenzentren
2. Virtualisierung der IT-Landschaft
3. Verwendung von Green-IT-Komponenten, wo immer dies möglich ist

Viele Unternehmen sind bereits auf dem richtigen Weg. Eine Umfrage der Experton Group zeigt, dass über die Hälfte der Unternehmen Virtualisierungslösungen in naher Zukunft planen und 39% diese bereits einsetzen (siehe Abbildung 3-1).

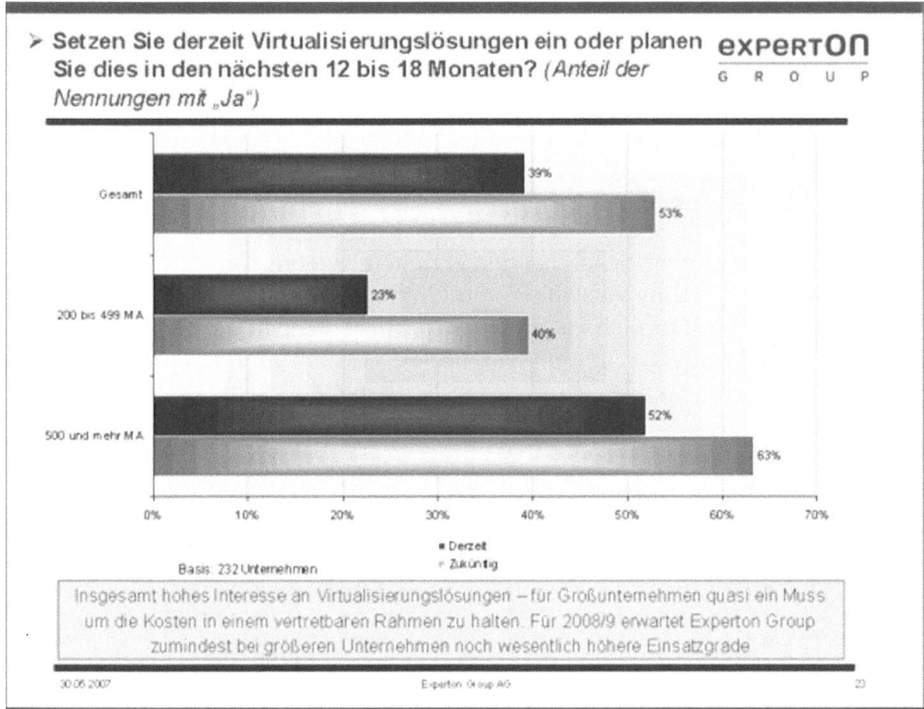

Abbildung 3-1: Die Experton Group sieht insgesamt ein hohes Interesse der deutschen Firmen an Virtualisierungslösungen. Für 2008/9 erwartet sie zumindest bei größeren Unternehmen noch wesentlich höhere Einsatzgrade (Quelle: Experton Group, 30.06.2007).

3.2.2. Fallbeispiel: VMware

Die Betrachtungsweise von VMware ist etwas allgemeiner und stützt sich sowohl auf die Betriebskosten als auch auf die Ausgaben, die für die Kühlung der Systeme aufgewendet werden müssen.

Da es sich um ein internationales Model handelt, sind die Zwänge für die Unternehmen etwas anders geartet als in Deutschland. Gemeinsam haben die Unternehmen weltweit den Kostendruck durch den steigenden Energieverbrauch in ihren Rechenzentren für den Betrieb und die Kühlung. Zudem ist vor allem in den Vereinigten Staaten, aber auch vermehrt in den europäischen Metropolen, ein Engpass bei der Bereitstellung von Energie in einigen Regionen zu erkennen. Rechenzentren erhalten nur eine bestimmte Energiemenge, da die Leitungen nicht mehr vertragen oder generell die Menge nicht mehr zur Verfügung steht.

Das Modell von VMware sieht vor, dass vor allem durch die Konsolidierung der Infrastruktur und effizientere Kühlung die Kosten erheblich reduziert werden können. Als Beispiel wird ein führendes Dienstleistungsunternehmen genannt, das vor drei Jahren mit einem Konsolidierungsprojekt begann und dabei seine Server und Anwendungen auf eine virtualisierte Infrastruktur migrierte. Im Rahmen des Projektes reduzierte das Unternehmen die Server in ihrem Rechenzentrum von über 1.000 Servern und 200 Racks auf knapp über 80 Server und nur noch etwas mehr als 10 Racks.

Dabei sprechen die Verantwortlichen bei den erzielten Ergebnissen nicht mehr von Prozenten sondern von einem Verhältnis von Größenordnungen, die bei 20:1 liegen. Dies führte selbstverständlich zu erheblichen Einsparungen bei der Hardware und des gebundenen Kapitals.

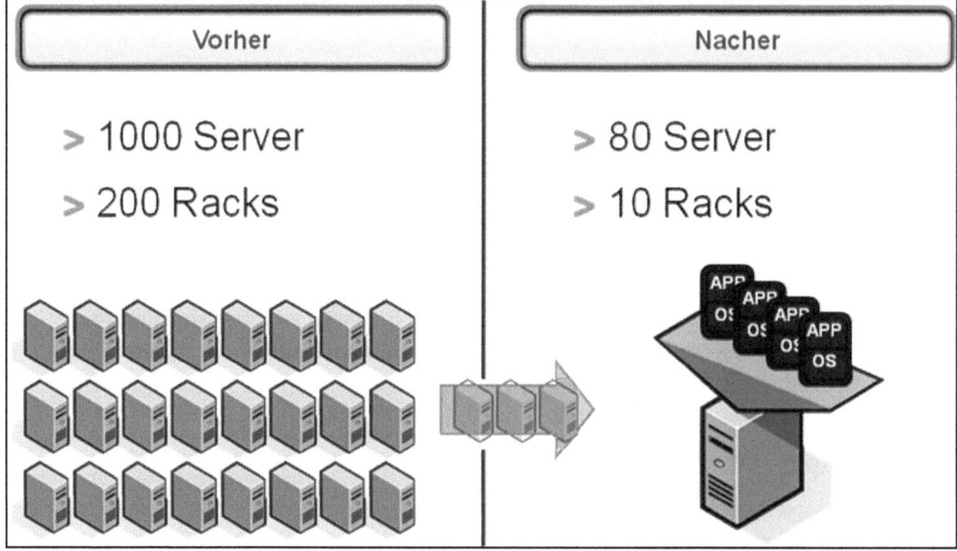

Abbildung 3-2: Einsparung durch Konsolidierung: Die über 1.000 Server und 200 Racks eines führenden Dienstleistungsunternehmens konnten auf nur knapp über 80 Server und 10 Racks reduziert werden (Quelle: VMware).

Der Energieverbrauch von Servern kann ganz einfach berechnet werden, indem man den Leistungsbedarf laut Herstellerangaben der einzelnen Server addiert. Dabei erhält man den maximal erforderlichen Verbrauch aller Geräte. Um jedoch Werte für den Verbrauch im täglichen Dienst zu erhalten, ist es notwendig, die Daten zudem noch empirisch zu ermitteln. Laut einer Studie von APC (American Power Consumption) liegt der reale Verbrauch im Durchschnitt bei knapp zwei Drittel der angegebenen Maximalwerte.

Die Berechnung des Energieverbrauchs bezieht Parameter wie Maximalverbrauch, Verbrauchskonstante und Preis pro kWh mit ein (siehe Tabelle 3-2).

Tabelle 3-2: Berechnungsgrundlage: Auf Basis dieser Werte lassen sich die Kalkulationen erstellen und das Einsparpotential ermitteln (Quelle: VMware).

Input	Beschreibung	Standardwerte (vorher/nachher)
S	Summe der Leistung laut Herstellerangaben	1 CPU: 475 W / 550 W 2 CPUs: 550 W / 675 W 4 CPUs: 950 W / 1.150 W 8 CPUs: 1.600 W / 1.900 W 16 CPUs: 4.400 W / 5.200 W 32 CPUs: 9.200 W / 11.000 W
λ	Verbrauchskonstante	0,67
$E_\$$	Preis für 1 kW pro Stunde	0,0573 € (Durchschnittskosten von 2005 im Business-Umfeld)

Aus diesen Parametern lassen sich im Anschluss die Potentiale zur Energieeinsparung ermitteln. Als Faustregel kann man pro Workload (Serverinstallation) eine Reduzierung von etwa 180 Euro und etwa 3.000 kWh pro Jahr ansetzen. Tabelle 3-3 zeigt den Verbrauch vor der Konsolidierung und danach.

Tabelle 3-3: Der Energieverbrauch eines Rechenzentrums vor und nach der Konsolidierung (Quelle: VMware).

	vorher		nachher	
Typ	Menge	Energieverbrauch	Menge	Energieverbrauch
1 CPU	300	475 W	-	550 W
2 CPUs	500	550 W	38	675 W
4 CPUs	200	950 W	38	1.150 W
8 CPUs	-	1.600 W	4	1.900 W
	204.405 €/Jahr		25.891 €/Jahr	

So konnte Covenant Health, ein kleiner Dienstleister im Gesundheitswesen, seine Energiekosten von 10.000 Euro auf nur 700 Euro senken, und die Mechanics Bank, ein Bankhaus für den Mittelstand, von 220.000 Euro auf nur 26.000 Euro. Das sind erhebliche Einsparungen, die zudem einen erheblichen Beitrag zur CO2-Reduktion leisten und dem Unternehmen Sympathiepunkte bei den Kunden bringen.

Ein weiterer Bereich für Energieeinsparungen liegt im Bereich der Kühlung von Rechenzentren. Alle Geräte der IT-Infrastruktur produzieren Hitze. Dazu zählen Server, Switches, SAN-Komponenten, Energieversorgungssysteme wie USVs, Klimaanlagen, Licht und selbst die Mitarbeiter, die einen Serverraum betreten. Im Folgenden wird jedoch nur die Server-Hardware betrachtet.

Das Design von Rechenzentren spielt bei der Hitzeentwicklung und der Energieeffizienz eine erhebliche Rolle. Viele Rechenzentren sind immer noch nach der klassischen Front-to-Back-Architektur aufgebaut und ebenso sind die Server aufgestellt. Dabei wird die Abluft der vorderen Server direkt auf die Vorderseite der dahinter stehenden Server geblasen. Wesentlich besser ist dabei das Hot-Aisle/Cold-Aisle-Layout, wodurch die Kühlung wesentlich effizienter und energiesparender ist (Abbildung 3-3 zeigt dieses Modell).

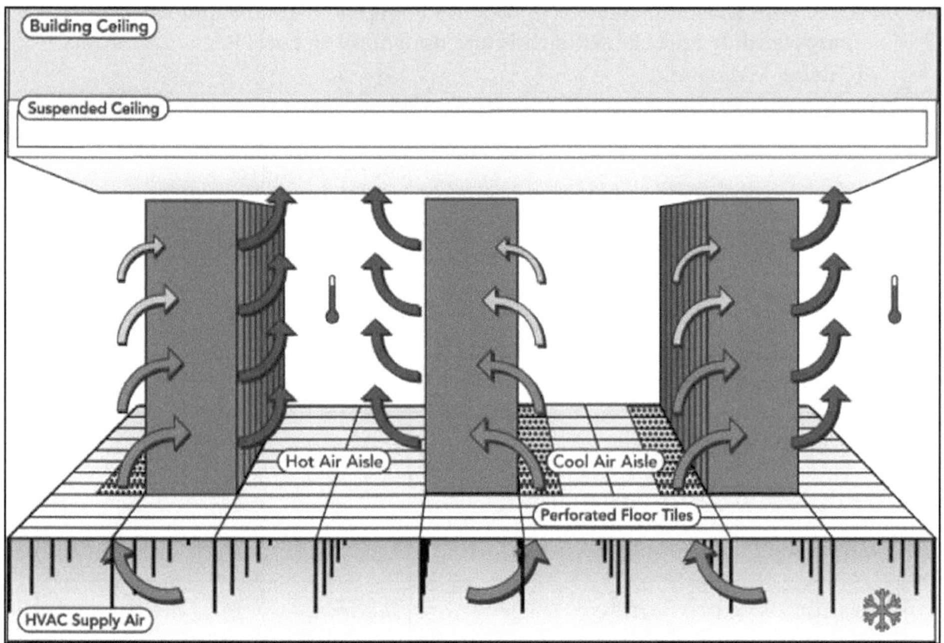

Abbildung 3-3: Effizienter und energiesparender: Das Hot-Aisle/Cold-Aisle-Layout ist leistungsfähig und leitet die Wärme effektiv ab.

Die Berechnung der Kosten lässt sich nach der Analyse von VMware folgendermaßen ermitteln: In einer ersten Annahme wird die gesamte eingespeiste Leistung im Rechenzentrum in Hitze umgewandelt. Daher ist der Stromverbrauch der Server gleichzusetzen mit der thermischen Abgabe. Des Weiteren wird nach Studien von HP-Laboratories für 0,8 Watt zugeführter Energie im Betrieb ein Watt für die Kühlung benötigt. Dieser Kühllastfaktor wird in Tabelle 3-4 mit „L" bezeichnet.

Tabelle 3-4: Berechnungsgrundlage: Berechnung des Energieverbrauchs und des Einsparpotentials unter Berücksichtigung der Kühlung eines Rechenzentrums (Quelle: VMware).

Input	Beschreibung	Standardwerte (Vorher/Nachher)
S	Summe der Leistung laut Herstellerangaben	1 CPU: 475 W / 550 W 2 CPUs: 550 W / 675 W 4 CPUs: 950 W / 1.150 W 8 CPUs: 1.600 W / 1.900 W
λ	Verbrauchskonstante	0,67
L	Kühllast-Faktor	0,8
ϱ	Abluft-Redundanz-Konstante	125 %
δ	Ineffizienz-Konstante (Verdunstung)	125 %
$E_{\$}$	Preis für 1 kW pro Stunde	0,0573 € (Durchschnittskosten von 2005 im Business-Umfeld)

Aus diesen Daten können nun die Kosten für die Kühlung errechnet werden. Dazu haben wir wieder eine Tabelle erstellt und das Einsparpotential errechnet. Auch hierzu gibt es wieder eine Faustregel, die besagt, dass man pro Jahr rund 218 Euro und etwa 3.800 kWh pro Workload sparen kann.

Tabelle 3-5: Der Energieverbrauch eines Rechenzentrums vor und nach der Konsolidierung unter Berücksichtigung der Kosten für die Kühlung (Quelle: VMware).

	vorher		nachher	
Typ	Menge	Energieverbrauch	Menge	Energieverbrauch
1 CPU	300	475 W	--	550 W
2 CPUs	500	550 W	38	675 W
4 CPUs	200	950 W	38	1.150 W
8 CPUs	--	1.600 W	4	1.900 W
	255.500 €/Jahr		32.360 €/Jahr	

Um die Ergebnisse mit realen Zahlen zu hinterlegen, werden wieder die bereits erwähnten Unternehmen als Beispiele herangezogen. Convenant Health konnte die Kosten für die Kühlung von knapp 20.000 Euro auf 1.400 Euro senken und auch bei der Mechanics Bank gingen die Ausgaben von 75.000 Euro auf knapp 10.000 Euro zurück.

3.3 Fazit

In beiden Beispielen konnte gezeigt werden, dass eine Strategie der Konsolidierung zu erheblichen Einsparungen durch die Verringerung des Energieverbrauchs im Betrieb von Rechenzentren und der entsprechenden Kühlung führen kann. Damit ist es recht einfach, die Investitionen für Virtualisierungsprojekte alleine aus Sicht der Energieeffizienz und somit auf der Basis von Green-IT zu kalkulieren und vor allem zu rechtfertigen.

4 Desktop-Virtualisierung

Von Dr. Daniel Liebisch

Dr. Daniel Liebisch ist Technical Product Manager Central Europe bei der Citrix Systems GmbH

4.1 Einleitung

Thema dieses Artikels sind die Desktop-Virtualisierung, die Vorteile für das Management von Desktops und Citrix XenDesktop als komplette Lösung für die Desktop-Virtualisierung. Folgende Aspekte werden betrachtet:

- Die Herausforderungen des Desktop-Managements in Umgebungen ohne Desktop-Virtualisierung
- Die Bewältigung dieser Herausforderungen durch die Desktop-Virtualisierung
- Anforderungen, die durch Desktop-Virtualisierung allein nicht gelöst werden können
- Das Citrix XenDesktop und die komplette Lösung dieser Herausforderungen

Mit der Desktop-Virtualisierung halten die gewohnten Desktops Einzug ins Rechenzentrum, und dennoch war dieser Ansatz bisher kein Patentrezept für die effizientere Bereitstellung von Desktops. Die Desktop-Virtualisierung funktioniert am besten, wenn sie in ein umfassendes Konzept für die Desktop-Bereitstellung eingebettet ist. Dabei geht es vor allem darum, das effizienteste Verfahren zu finden, um Anwendungen für Endanwender bereitzustellen und gleichzeitig die geschäftlichen und IT-spezifischen Anforderungen zu erfüllen. Bei der Desktop-Bereitstellung mit Citrix XenDesktop kann beim Login eines Anwenders stets ein jeweils ein immer wieder „frischer" Desktop aufgerufen und dynamisch mit personalisierten Anwendungen und benutzerspezifischen Einstellungen ergänzt werden.

Bei der Desktop-Bereitstellung müssen generell einige wichtige Punkte berücksichtigt werden:

- Es reicht nicht aus, Desktops einfach mit Hilfe einer Virtualisierungsinfrastruktur-basierten Lösung ins Rechenzentrum zu verlagern. Eine optimale Strategie für die Desktop-Bereitstellung beinhaltet auch die das sog. Provisioning von Standard-Desktop-Images und die Trennung von Anwendungen und Desktops.
- Die Anschaffungskosten einer Lösung für Desktop-Virtualisierung sind recht gering im Vergleich zu den laufenden Einsparungen, die durch den Einsatz von zentralisierten Desktops möglich sind. Es können jedoch versteckte Kosten auftauchen, die sich negativ auf den ROI auswirken. Eine Komplettlösung für die Desktop-Bereitstellung muss schnell und einfach implementierbar sein und höchste Skalierbarkeit und einfache Update-Möglichkeiten bieten. Darüber hinaus müssen mögliche negative Auswirkungen durch hohe Support- und Speicherkosten frühzeitig erkannt und beseitigt werden.
- Es reicht nicht aus, Anwendern eine vertraute Desktop-Oberfläche zu bieten. Um eine hohe Akzeptanz seitens der Anwender zu erreichen, muss ebenfalls eine exzellente Performance beim Zugriff auf den remoten Desktop gewährleistet sein.
- Eine offene Architektur ist Grundvoraussetzung, denn nur so können mit der Desktop-Virtualisierungslösung auch neue Technologien und Standards unterstützt werden.

4.2 Virtualisierung - vom Rechenzentrum bis zum Desktop

Nach Ansicht vieler Analysten und Marktbeobachter ist das Thema Virtualisierung einer der wichtigsten IT-Trends für die kommenden Jahre. IDC rechnet damit, dass der Markt für Virtualisierungslösungen und dazugehörige Support-Services von 6,5 Mrd. US-Dollar im Jahr 2007 auf 15 Mrd. Dollar im Jahr 2011 anwachsen wird. Gartner prognostiziert, dass die Zahl der virtuellen Maschinen auf Unternehmensservern bis zum Jahr 2009 auf rund vier Millionen ansteigen wird (Ende 2006: 540.000). Im Jahr 2015 – so vermutet Gartner Senior Analyst Phil Sargent – werde die Virtualisierung nahezu jeden Aspekt der IT betreffen.

Hinter dem Schlagwort Virtualisierung verbergen sich dabei eine ganze Reihe technologischer Ansätze und Innovationen. Die teilweise sehr unterschiedlichen Konzepte haben eines gemeinsam: Sie zielen darauf, die logischen IT-Systeme von den physisch vorhandenen Hardware-Ressourcen zu abstrahieren. Dadurch wird es zum Beispiel möglich, unterschiedliche Betriebssysteme gleichzeitig auf einem Computer zu betreiben oder mehrere räumlich verteilte Storage-Systeme zu einem einzigen großen Datenspeicher zusammenzufassen.

Das Konzept der Virtualisierung ist grundsätzlich nicht neu: Bereits in der Großrechnerwelt der 60er Jahre konnten Administratoren mehrere virtuelle Betriebssysteminstanzen parallel auf einem Mainframe installieren. An Dynamik gewonnen hat das Thema Virtualisierung aber in den letzten Jahren durch mehrere neue Entwicklungen: Zum einen ist es heute möglich, auch Standard-Hardware auf Basis der x86-Architektur zu virtualisieren und damit komplexe Windows- oder Linux-Serverlandschaften zu konsolidieren. Zum anderen entscheiden sich immer mehr Unternehmen dazu, ihre Applikationen virtualisiert über eine zentrale Serverfarm bereitzustellen. Auf diese Weise lassen sich laufende Administrationskosten reduzieren und flexible Zugriffsszenarien ermöglichen. Und schließlich rückt seit kurzem auch das Thema Desktop-Virtualisierung in den Fokus. Ziel ist, die Benutzeroberfläche vom Endgerät abzukoppeln und das Management der Desktops zu zentralisieren und zu vereinfachen.

Für Citrix als weltweit führenden Anbieter von Infrastrukturlösungen zur Anwendungsbereitstellung hat das Thema Virtualisierung höchste Priorität. Das Unternehmen verfolgt daher als bisher einziger Hersteller eine durchgängige Lösungsstrategie, die vom Rechenzentrum bis zum Frontend reicht. Citrix deckt mit seinen Produkten drei Virtualisierungsbereiche ab:

- Server-Virtualisierung
- Anwendungs-Virtualisierung
- Desktop-Virtualisierung

Damit unterstützt Citrix Unternehmen, die das Thema Virtualisierung ganzheitlich angehen wollen, beim Aufbau durchgängiger Infrastrukturen.

Im weiteren Teil dieses Beitrags werden wir einen kurzen Überblick zu den aktuellen Möglichkeiten der Server-Virtualisierung geben und fokussieren uns dann speziell auf das Thema Desktop-Virtualisierung und die Bedingungen für eine erfolgreiche Umsetzung dieser neuartigen Lösung. Ebenfalls werden wir einen kurzen Überblick über Citrix XenDesktop, die komplette Lösungsplattform für Desktop-Virtualisierung von Citrix geben. Zu mehr Informationen speziell über die Anwendungs-Virtualisierung möchten wir hier auf die Informationen zu Citrix XenApp™ z.B. auf *www.citrix.de* verweisen.

4.3 Server-Virtualisierung

Server-Virtualisierung ermöglicht es, mehrere Betriebssysteme gleichzeitig auf einem physischen Rechner auszuführen. Dies können mehrere Instanzen desselben Betriebssystems sein oder auch unterschiedliche Betriebssysteme, zum Beispiel Windows- und Linux-Systeme. Eine Virtualisierungsschicht – Hypervisor oder Virtual Machine Monitor genannt – sorgt dafür, dass die einzelnen „Gastsysteme" gemeinsam die Hardware-Ressourcen des Rechners nutzen können, ohne sich gegenseitig zu stören. Jedes Gastsystem läuft in einer isolierten Umgebung, die als „virtuelle Maschine" bezeichnet wird. Virtuelle Maschinen verhalten sich für den Anwender und auch gegenüber anderen Systemen im Netzwerk wie eigenständige Rechner.

4.3.1 Warum Server-Virtualisierung?

Folgende Gründe sprechen die Server-Virtualisierung:

- **Konsolidierung:** In vielen Rechenzentren werden bisher für bestimmte Aufgaben eigene Server betrieben, zum Beispiel dedizierte Mail-, Lizenz- und Webserver. Damit soll ein möglichst stabiler Betrieb der geschäftskritischen Anwendungen sichergestellt werden. Nachteil ist jedoch, dass die Rechenkapazitäten dieser Server meist nicht annähernd ausgenutzt werden. Gleichzeitig entstehen durch die immer komplexeren Serverlandschaften hohe Infrastrukturkosten und enormer Administrationsaufwand. Server-Virtualisierung ermöglicht es, die dedizierten Server auf virtuelle Maschinen zu verlagern. So können IT-Abteilungen die Anzahl der benötigten physischen Rechner reduzieren und die Hardware-Auslastung deutlich verbessern.
- **Flexibilität:** Mit entsprechenden Management-Tools kann der IT-Administrator virtuelle Maschinen sehr einfach verwalten und zum Beispiel im laufenden Betrieb von einem physischen Server auf einen anderen verschieben. Server-Virtualisierung vereinfacht damit die Administration von Rechenzentren und die Anpassung an neue Anforderungen. Da die Softwareebene von der zugrunde liegenden Hardware-Infrastruktur abgekoppelt ist, lassen sich die vorhandenen Server zu einem Ressourcen-Pool zusammenfassen und je nach Bedarf bestimmten Aufgaben zuweisen.
- **Hochverfügbarkeit / Disaster Recovery:** Server-Virtualisierung hilft Unternehmen auch bei Themen wie Hochverfügbarkeit und Geschäftskontinuität. Der Ausfall einer virtuellen Maschine beeinträchtigt die übrigens Gastsysteme auf demselben Server nicht – ein anderes System kann sofort die Aufgaben der ausgefallenen Maschine übernehmen. Für den Fall, dass der gesamte Server ausfällt, werden Backup-Kopien der virtuellen Maschinen vorgehalten. Diese können dann innerhalb kürzester Zeit auf einer anderen Hardware-Plattform gestartet werden. Das einfache Verschieben der virtuellen Maschinen ermöglicht es zudem, Migrationen und Wartungsarbeiten an den Servern im laufenden Betrieb durchzuführen.
- **Test und Entwicklung:** Seit längerer Zeit bereits haben sich virtuelle Maschinen bei Test und Entwicklung von Software bewährt: Programmierer nutzen die Technologie zum Beispiel, um an ihrem Rechner schnell zwischen verschiedenen Betriebssystemversionen zu wechseln. So können sie testen, wie sich eine neue Anwendung in der jeweiligen Umgebung verhält.

4.3.2 Wohin geht die technologische Entwicklung bei Server-Virtualisierung?

Grundsätzlich wird heute meist zwischen zwei Ansätzen der Server-Virtualisierung unterschieden:

- Bei der **Host-basierten Virtualisierung** wird der Hypervisor – also die Virtualisierungsschicht – wie eine Anwendung auf einem bestehenden Betriebssystem installiert. Das Basis-Betriebssystem fungiert als „Host-" oder „Wirtssystem" – die Gastsysteme laufen wie gewohnt in virtuellen Maschinen, die vom Hypervisor erstellt werden. Nachteil dieses Modells ist der relativ große „Overhead": Durch die dreistufige Architektur geht viel Rechenleistung verloren. Dies beschränkt die Zahl der virtuellen Maschinen, die gleichzeitig genutzt werden können. Host-basierte Virtualisierungslösungen sind zum Beispiel VMware Server (bisher GSX), VMware Workstation, VMware Fusion, Microsoft Virtual PC und Microsoft Virtual Server.
- So genannte **„Bare-Metal"-Hypervisor** erfordern kein Wirtssystem, sondern laufen direkt auf der Hardware-Plattform. Die virtuellen Maschinen befinden sich also systemtechnisch betrachtet auf der zweiten Ebene über der Hardware. Dieses Modell reduziert den Overhead erheblich: Der Server muss weniger Mehraufwand für die Virtualisierung leisten und kann so eine größere Anzahl virtueller Maschinen unterstützen.

Bei „Bare-Metal"-Konzepten gibt es wiederum zwei unterschiedliche Varianten:

- Lösungen wie VMware ESX Server setzen auf ein Verfahren, das als **vollständige Virtualisierung** bezeichnet wird. Der Hypervisor täuscht dabei jedem Gastsystem eine eigene komplette Hardware-Umgebung vor. Vorteil dieses Verfahrens ist, dass nahezu jedes beliebige Betriebssystem unmodifiziert genutzt werden kann. Allerdings muss der Hypervisor bestimmte Systemaufrufe des Gastsystems „on the fly" übersetzen, damit die virtuellen Maschinen sich bei der Nutzung der Hardware nicht gegenseitig stören. Dieser komplexe Vorgang geht letztlich zu Lasten der Performance.
- Ein neuerer Ansatz ist die Technologie der **Paravirtualisierung**, die vor allem durch den Open Source-Hypervisor Xen populär wurde. Bei diesem Modell „weiß" das Gastsystem, dass es virtualisiert wird, und arbeitet gewissermaßen mit dem Hypervisor zusammen. Der Hypervisor stellt den Gastsystemen eine gemeinsame API zur Verfügung, über die die Zugriffe auf die Hardware abgewickelt werden. Dieser direktere Weg reduziert den Overhead auf ein Minimum – Paravirtualisierung gilt daher heute als das performanteste Virtualisierungsverfahren. Das Gastsystem läuft fast so schnell wie ein Betriebssystem, das direkt auf der Hardware installiert ist. Voraussetzung für die Paravirtualisierung sind jedoch bestimmte Modifikationen am Betriebssystem. Die gängigen Linux-Distributionen verfügen bereits über die notwendigen Erweiterungen und können so problemlos „pa-

ravirtualisiert" werden. Microsoft Windows Server 2008 lässt sich nun ebenfalls auf diese Weise betreiben.

Das Thema Server-Virtualisierung wird seit kurzem auch von den Prozessor-Herstellern vorangetrieben: AMD und Intel haben spezielle Prozessoren entwickelt, die die Server-Virtualisierung Hardware-seitig unterstützen (**AMD-V**, **Intel VT**). Der Xen Hypervisor nutzt die Möglichkeiten dieser neuen Chip-Generation, um Server-Betriebssysteme zu virtualisieren, die noch nicht für die Paravirtualisierung ausgelegt sind.

4.4 Desktop-Virtualisierung

4.4.1 Herausforderungen bei herkömmliche Desktops

Der PC ist das wichtigste Arbeitsmittel im Unternehmen. Für die meisten Anwender ist er die Hauptschnittstelle für die tägliche Arbeit und das wichtigste Produktivitäts-Tool. Diese PC-lastige Architektur mit einer Vielzahl individueller, komplexer Endanwendergeräte stellt die IT-Abteilung vor eine große Herausforderung – die angesichts der steigenden Desktop-Vielfalt, der wachsenden Anwendungsdichte und der immer größer werdenden Anwenderzahl ständig wächst. So kann laut Schätzungen von Gartner die Total Cost of Ownership (TCO) für PCs zwischen \$ 4.000 und \$ 9.000 und mehr pro Anwender und Jahr betragen.

Ein wichtiges Kriterium für die Höhe der TCO ist auch der Aufwand für das Management des herkömmlichen PC-Desktop-Lebenszyklus, der hier dargestellt ist:

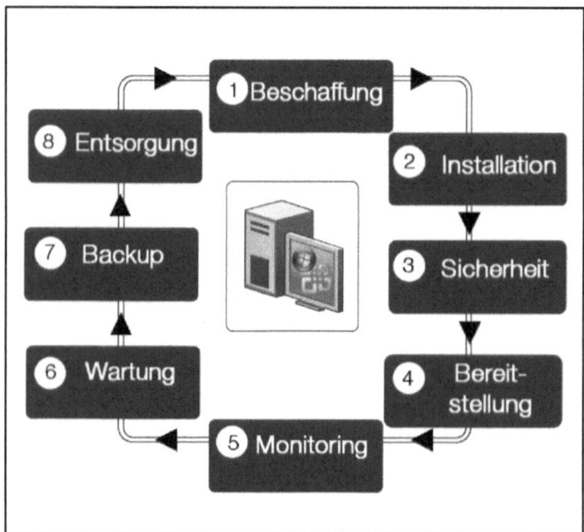

Abbildung 4-1: Der Desktop-Lebenszyklus

Die Anschaffungskosten für einen Desktop-PC machen den geringsten Teil der Desktop-TCO aus, denn der Kauf eines PCs steht hier nur am Anfang seines Lebenszyklus.

Installations-Images werden in mühevoller Kleinarbeit erstellt und auf die Anforderungen der Endanwender und IT-Abteilung abgestimmt. Im Laufe der Zeit werden die Desktops modifiziert und von den Anwendern an ihre individuellen Vorstellungen angepasst. Im Extremfall haben diese Desktops mit dem ursprünglichen Installations-Image kaum noch Gemeinsamkeiten, was Performance und Support-Fähigkeit mitunter erheblich beeinträchtigt. Auf einem neuen PC werden bei der Bereitstellung aktuelle Antivirus-Software, Firewalls, Password Manager und andere Sicherheitskomponenten installiert. Doch später müssen Endanwender und IT-Administratoren gemeinsam dafür sorgen, dass die Signaturen stets aktuell sind, Sicherheits-Patches implementiert werden sowie Kennwörter den Richtlinien entsprechen und regelmäßig geändert werden. Der Schutz der Endgeräte vor Diebstahl ist nicht immer gewährleistet, und es kommt regelmäßig vor, dass PC-Festplatten gestohlen werden oder verloren gehen: dies geht wiederum mit Datenverlusten und damit verbundenen Kosten einher.

Nach der Implementierung werden die PCs von den Support-Mitarbeitern gemonitored. Dies ist jedoch nur optimal möglich, wenn die installierten Software-Tools nicht von den Endanwendern modifiziert oder entfernt werden. Für die Daten im zentralen Datenspeicher werden regelmäßige Backups durchgeführt, für das Betriebssystem und die installierten Anwendungen gilt dies allerdings nicht: Sie werden nur in den seltensten Fällen regelmäßig von den Support-Mitarbeitern oder Endanwendern gesichert. Die Wiederherstellung defekter, zerstörter oder gestohlener PCs ist daher äußerst schwierig. Spätestens dann, wenn ein PC aktuelle Betriebssysteme und Anwendungen nicht mehr unterstützen kann, ist das Ende seines Lebenszyklus erreicht und er wird außer Betrieb genommen.

Sobald der PC mit einem Standard-Image bereitgestellt wird, sind die Endanwender auf sich selbst gestellt. Sind keine Administratorrechte vorgesehen, erhält der Helpdesk übermäßig viele Anwenderanfragen: Die Anwender möchten, dass der PC personalisiert wird, neue Anwendungen aufgespielt werden usw. Darunter leiden die Reaktionszeiten des Helpdesks – und durch die so verursachte geringere Helpdesk-Flexibilität auch die Produktivität der Anwender. Die technisch versierteren Anwender ändern häufig selbst das Image ihres Systems – mit unabsehbaren Folgen für die Datensicherheit des Desktops.

Die Desktop-Ressourcen mit Hilfe der Desktop-Virtualisierung zu zentralisieren ist eine Möglichkeit, die TCO-Kostenspirale zu durchbrechen. Sie kann jedoch nur als ein erster Schritt betrachtet werden. Und es ist zu beachten, dass sich mit der Desktop-Virtualisierung eine Reihe weiterer Probleme ergeben: Sie betreffen das zentrale Management einzelner Ressourcen, Intrusion-Prevention-Systeme auf den Host-Servern und den wachsenden Wartungsaufwand bei einer zunehmenden Zahl von virtuellen Desktops.

4.4.2 Desktop-Virtualisierung – Überblick

In einer Architektur für Desktop-Virtualisierung werden VM-Technologien (virtuelle Maschinen) für das Hosting der Desktop-Images im Rechenzentrum eingesetzt. Jedes Desktop-Image besteht aus einem Betriebssystem und den Anwendungen. Der Anwender greift über ein Darstellungsprotokoll auf den virtuellen Desktop zu. Ziel ist es, ein ähnliches Performanceverhalten wie bei der direkten Nutzung eines PCs zu realisieren. Eine Personalisierung wird durch Profil Management-Lösungen unterstützt; auch wenn ein Anwender seine Arbeit am Desktop beendet, bleiben alle Einstellungen erhalten.

Verschiedene Anbieter haben Produkte für die Desktop-Virtualisierung im Angebot, allen voran Citrix und VMware neben einer Reihe kleinerer Anbieter. Desktop-Virtualisierung ist ein neues Marktsegment, das von allen Seiten genau beobachtet wird, aber auch noch einige Unklarheiten birgt.

Die Desktop-Virtualisierung verspricht vor allem Verbesserungen in folgenden Bereichen:

- Anschaffung neuer Desktops: Jedes Jahr tauschen die meisten mittleren bis großen Unternehmen einen erheblichen Teil ihrer Desktop-Hardware aus, was mit enormen Kosten für die Hardwareaktualisierung verbunden ist. Bei der Desktop-Virtualisierung braucht die Hardware nur selten ersetzt zu werden, da neue Betriebssysteme und Anwendungen nun zentralisiert bereitgestellt werden.
- Compliance und Datensicherheit: Weil ein Remote-Zugriff auf zentrale Daten im Rechenzentrum erfolgt, müssen keine Daten auf dem lokalen System des Anwenders gespeichert werden und können daher auch bei einem Diebstahl Festplatte oder des Laptops nicht verloren gehen.
- Niedrige Cost of Desktop Ownership: Die Betriebskosten für einen Desktop können spürbar reduziert werden, da die Hardware maximal ausgelastet werden kann und die Komplexität des Clients ins Rechenzentrum verlagert und dort besser gemanaged werden kann.
- Zugriff jederzeit und von jedem Ort aus: Ein derart umfassender Zugriff ist möglich, weil neue Desktops „on Demand" für jeden Anwender an jedem Ort rund um den Globus bereitgestellt werden können und neue Desktop-Images unverzüglich zur Verfügung stehen.
- Business Continuity: Anwender haben unabhängig von Standort oder Art des Endgeräts Zugriff auf ihre Desktops, dadurch wird ein unterbrechungsfreier Geschäftsbetrieb sichergestellt.

4.5 Desktop-Virtualisierung allein ist eine inkomplette Lösung

Ein Modell für zentralisierte Desktops bei der Desktop-Virtualisierung bietet viele strategische Vorteile. Der Aufwand für die PC-Beschaffung entfällt, da jedes beliebige Endgerät für die Anzeige der Desktop-Sitzung verwendet werden kann. Der Desktop wird im Rahmen der Backups im Rechenzentrum gesichert. Endgeräte können zudem bei Bedarf gewechselt oder außer Betrieb genommen werden, ohne dass der virtuelle Desktop des Anwenders geändert werden muss. Mit der Zentralisierung werden allerdings nicht alle Schwächen des herkömmlichen Desktops ausgemerzt: Management der Installations-Images, Anwendungsmanagement, Sicherheit, Bereitstellung für viele Anwender, Wartung und Performance-Überwachung.

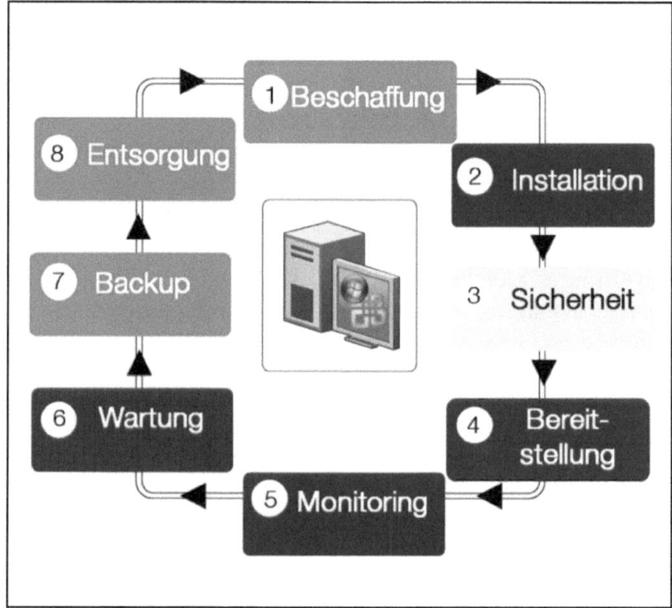

Abbildung 4-2: Nicht alle Schwächen des herkömmlicher Desktops werden ausgemerzt

Durch die Desktop-Virtualisierung können sogar neue Herausforderungen entstehen, da viele der vorhandenen Probleme bei der PC-Wartung ins Rechenzentrum und zu den virtuellen Maschinen verlagert werden. Gleichzeitig können zusätzliche Storage-Kosten bei der Ablage einer Vielzahl von Desktop-Images entstehen, auch die grafische Performance des remoten Desktops kann sich spürbar verschlechtern.

4.5.1 Erfüllung der Anwendererwartungen

Desktops, die auf VM-Basis bereitgestellt wurden, erscheinen im Labortest auf den ersten Blick vollständig funktional und praxistauglich. Doch um als unternehmensweite Lösung akzeptiert zu werden, muss die Desktop-Virtualisierung auch bei langsameren WAN-Geschwindigkeiten mit variierender Latenz *einsetzbar* sein. Viele Produkte für die Desktop-Virtualisierung geben bei geringer Bandbreite und Verbindungen mit hoher Latenz (>75 ms) grafische Inhalte nur mit schlechter Qualität wieder und zeigen mäßige Reaktionszeiten bei Maus- und Tastatureingaben.

Ein virtueller Desktop wird von Anwendern nur dann akzeptiert, wenn er zumindest dieselbe Performance wie der gewohnte PC bietet. Daher wird ein Darstellungsprotokoll für den Zugriff benötigt, das über die ganze Bandbreite der möglichen Netzwerkverbindungen den Zugriff auf den zentralen Desktop mit hoher Performance möglich macht.

4.5.2 Zentralisiertes Desktop-Management

Mit der Implementierung eines zentralisierten Desktop-Modells könnten verschiedenste Support-Probleme aus der Welt geschafft werden. Vor allem der aufwändige Support lokaler PCs wird erheblich reduziert, ja beinahe überflüssig. Doch die Migration des Desktop-Betriebssystems und der Anwendungen (zusammen mit Antivirensoftware, Patches, Updates usw.) zum Rechenzentrum bedeutet zunächst, dass die Probleme mit Desktop-Images gleichzeitig zentralisiert werden. Ebenfalls werden Tausende einzelner Betriebssystem-Anwendungs-Images auf teuren SAN-Speicherkomponenten abgelegt.

In einem Unternehmen werden typischerweise eine oder zwei Windows-Varianten auf dem Desktop betrieben. Abhängig davon, wie intensiv die einzelnen PCs verwaltet werden, werden verschiedene Service Packs und Patches für Windows installiert. Dadurch entsteht im Laufe der Zeit auf den Desktops eine Vielzahl unterschiedlicher Windows-Umgebungen. Diese Konfigurationen erschweren die Behebung von Desktop-Problemen, da die Abläufe für die Identifizierung der Umgebung, die Diagnose und die Reparatur bei jeder Serviceanfrage grundsätzlich verschieden sind.

Im Umfeld der zentralisierten Desktops muss auch die Migration von ESD-Lösungen (Electronic Software Delivery) berücksichtigt werden, um die effiziente Bereitstellung von Anwendungen und Updates für VM-basierte Desktops sicherzustellen. Wie diese elektronische Softwarebereitstellung im Einzelnen abgewickelt wird, ändert sich in Abhängigkeit vom jeweiligen Szenario. Bei Software-Updates muss beispielsweise berücksichtigt werden, ob die Aktualisierung an Standorten in verschiedenen Zeitzonen erfolgen muss. Zudem muss geklärt werden, wie das Update durchgeführt wird, wenn VMs ausgeschaltet oder im Standby-Betrieb sind.

4.5.3 Management von Desktop-Images

Für das Management herkömmlicher Desktops wurden bereits die verschiedensten Methoden getestet: von der Verwaltung durch die Endanwender bis hin zum vollautomatischen Remote-Management. Doch Desktops zeigen dabei nicht die nötige Robustheit. Endanwenderfehler oder Probleme bei automatischen Remote-Updates führten oft zu schwerwiegenden Schäden. Die Komplexität herkömmlicher Desktops und der damit verbundene Wartungsaufwand ist einer der Hauptgründe für die hohe TCO dieser Lösungen.

Die Implementierung von Patches und Updates stellt eine spezielle Herausforderung dar. Ein Grund dafür ist, dass es keine Möglichkeit gibt, für alle Anwender Patches direkt und zügig bereitzustellen. Zudem kann nicht immer sichergestellt werden, dass alle Patches und Updates erfolgreich durchgeführt wurden. Im Extremfall entstehen dadurch unbrauchbare oder ungetestete Konfigurationen, bei denen nicht alle Patches erfolgreich installiert wurden. Das führt zu Problemen bei der Anwendungsunterstützung, denn uneinheitliche Patch-Level für Betriebssystem und Anwendungen können die Suche nach der Ursache für schlechte Performance oder Abstürze äußerst schwierig gestalten.

Diese Probleme können nur mit einer gezielten Lösung für die Anwendungsbereitstellung beseitigt werden.

4.5.4 Zusammenfassung

Die bisher vorhandenen Lösungen für die Desktop-Virtualisierung bieten nur einen mangelhaften Endanwenderkomfort, insbesondere bei der Nutzung über WAN-Verbindungen. Da der Fokus auf die Anwendungsbereitstellung fehlt, ist eine Implementierung äußerst komplex. Und weil die Strategien für das Management der Desktop-Images kaum erweiterbar sind, sind diese Lösungen außerdem eher unwirtschaftlich.

4.6 Technologische Anforderungen an eine Lösung für die Desktop-Bereitstellung

Die Desktop-Virtualisierung ist nur *eine* Komponente in einer Gesamtlösung für die Anwendungsbereitstellung. Wird die Desktop-Bereitstellung einfach als ein Mittel zur möglichst effizienten Bereitstellung des Windows-Desktops und der entsprechenden Anwendungen für die Endanwender betrachtet, können folgende Schlüsselanforderungen identifiziert werden:

4.6.1 Strikte Trennung von Betriebssystem und Anwendungen

Die Einbindung der Standardbetriebsumgebung in das Desktop-Virtualisierungssystem kann durchaus sinnvoll sein, um eine zügige Implementierung zu ermöglichen. Doch dies sollte lediglich als ein erster Schritt betrachtet werden. Wurde die

Standardbetriebsumgebung ins Rechenzentrum verlegt, muss überlegt werden, wie dieses Image am besten verwaltet werden kann.

Bei der Systemvirtualisierung wird bekanntermaßen das Betriebssystem von der Hardware entkoppelt. Dasselbe Konzept kann auch für die Entkoppelung des Betriebssystems von der anwenderspezifischen Personalisierung, den Anwendungen und den Daten angewandt werden. So können Desktops dynamisch zusammengestellt werden, was das Image- und Anwendungsmanagement spürbar vereinfacht.

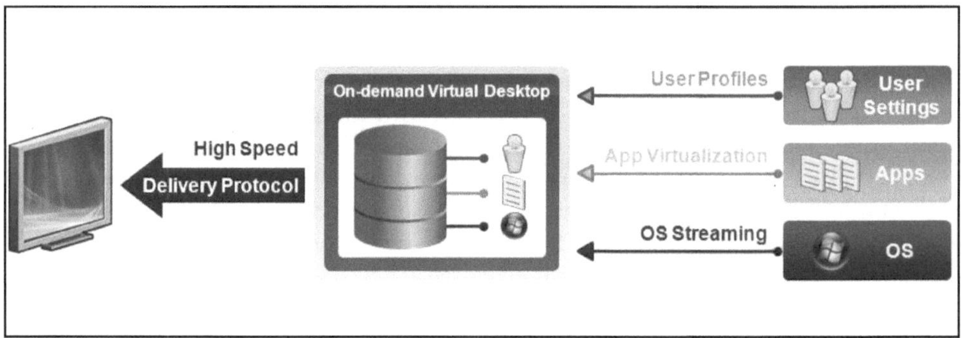

Abbildung 4-3: Dynamische Zusammenstellung von Desktops.

Citrix empfiehlt die folgenden Maßnahmen, um die Bereitstellung der Standardbetriebsumgebung und das Management der Desktop-Images effizient zu bewältigen:

- Trennung des eigentlichen Betriebssystems von den Anwendungen und Anwendereinstellungen. Das Ergebnis ist ein einfach zu verwaltendes Betriebssystem-Image, das als Basis-Image für alle Anwender eingesetzt werden kann.
- Bereitstellung dieses zentralen Betriebssystem-Images über Desktop-Virtualisierung.
- Beim Zugriff dynamische Zuweisung der personalisierten Benutzer-Einstellungen (User Profiles) an das Standard-Image.
- Bereitstellungen der Anwendungen nach Bedarf, und zwar auf die jeweils am besten geeignete Weise über Applikationsveröffentlichung auf einem separaten zentralen Server oder durch Applikationsstreaming und Ausführung in einer isolierten Umgebung auf dem virtualisierten Desktop.

Im Szenario unten wird der herkömmliche PC-Lebenszyklus vollständig durch eine Support-Struktur für virtuelle Desktops ersetzt. Ist das Betriebssystem von den Anwendungen entkoppelt, kann das Basis-Image ohne Auswirkungen auf die aktiven Desktop-Abläufe aktualisiert, ersetzt oder gepatcht werden.

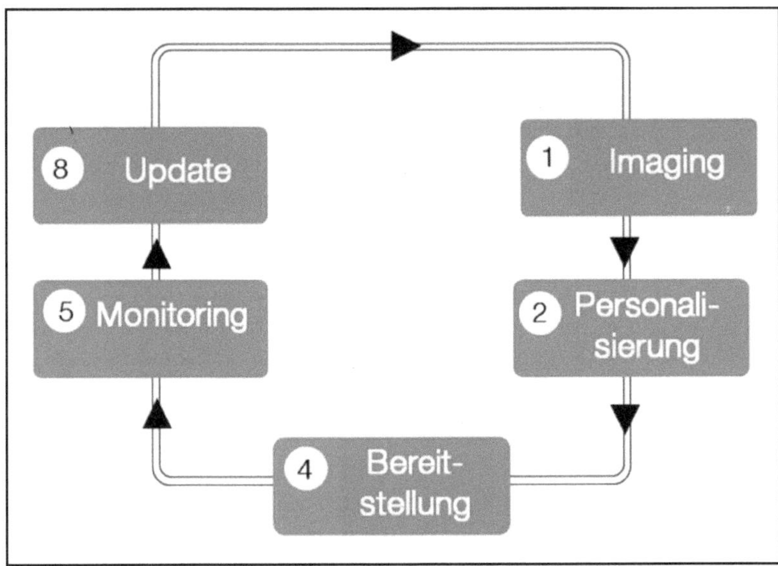

Abbildung 4-4: Möglichkeiten virtueller Desktops

Sobald die Anwendungen entkoppelt wurden, kann darüber hinaus der Bereitstellungsmechanismus gewählt werden, der für das System am besten geeignet ist. Beispielsweise sollten manche Anwendungen mit Hilfe von clientseitiger Anwendungsvirtualisierung bereitgestellt werden, während für andere eine serverseitige Applikationsvirtualisierung die ideale Lösung ist. Bestimmte Anwendungen, die eng an das Betriebssystem (E-Mail, Browser) gekoppelt sind, können dagegen vollständig in das Standard-Image integriert werden.

Somit können alle Windows-Anwendungen nun zentralisiert bereitgestellt werden. Hier können Anwendungen und Daten einfacher und kostengünstiger verwaltet, unterstützt, geschützt, gesichert und wiederhergestellt werden.

4.6.2 Einfache Skalierbarkeit ermöglicht ein schnelles Rollout

Die Desktop-Virtualisierung sollte für alle Mitarbeiter, die nicht auf ihren gewohnten Desktop verzichten können oder wollen in Erwägung gezogen werden. Nur so können die Möglichkeiten optimal genutzt und die Investitionen in die Infrastruktur rentabel sein. Das bedeutet allerdings zugleich enorme Anforderungen an die Skalierbarkeit, da möglicherweise in großen Organisationen Tausende von Anwendern unterstützt werden müssen. Zusätzliche Kosten für die Einbindung neuer Anwender in dieses Szenario müssen sehr gering gehalten werden. Zudem muss der Prozess einheitlich und reproduzierbar sein.

Erreicht werden kann dies durch einen Mechanismus zur automatisierten Integration neuer Anwender. Zum anderen muss aber auch die Rechenzentrumsinfrastruktur intelligent ausgelegt werden, damit die Desktop-spezifische Rechenlast bewältigt werden kann.

Mit dem oben beschriebenen Konzept für die Desktop-Bereitstellung kann die bereits definierte Betriebssystem- und Anwendungsinfrastruktur als Basis dienen, wenn neue Anwender hinzugefügt werden. Die personalisierten und Profile-basierten Einstellungen werden erst dann erfasst und separat gespeichert, wenn Anwender ihre Umgebung anpassen. Dank dieses Prinzips werden auch Rollbacks erheblich vereinfacht, beispielsweise wenn ein Patch oder Update wieder entfernt werden soll – Nutzer erhalten dann einfach das alte Standard-Image beim Reboot-Vorgang zugewiesen.

Damit ist jetzt ein Verfahren vorhanden, mit dem die Anzahl der virtuellen Desktop-Nutzer schnell erweitert und einfach unterstützt werden kann.

4.6.3 Die Performance muss überzeugen

Endanwender sind an die Performance ihrer lokalen PC-Ressourcen gewöhnt. Sie arbeiten mit schnellen CPUs, können beliebige Multimedia-Inhalte wiedergeben und Peripheriegeräte nutzen. Es ist wichtig, dass Endanwender nach der Implementierung einer Lösung für die Desktop-Virtualisierung nicht auf den gewohnten Komfort und Performance verzichten müssen – andernfalls ist mit erheblichen Akzeptanzproblemen zu rechnen.

Mit VM-Technologien, innovativen Lösungen für die Desktop-Bereitstellung (Brokering) und einem modernen Remote-Darstellungsprotokoll wie Citrix ICA kann schnell und einfach eine hohe Performance für Anwender sichergestellt werden:

- **Instant-On:** Viele Anwender bemängeln heute, dass das Hochfahren ihrer Computer zu lange dauert (mindestens 2-3 Minuten, meist auch länger). Virtuelle Desktops können so konfiguriert werden, dass sie sehr schnell starten und dem Anwender damit ein einzigartiges „Instant-On"-Erlebnis bieten. Sobald die Verbindung zum virtuellen Desktop hergestellt ist, kann mit der virtuellen Anzeigetechnologie eine dynamische Anpassung an die verfügbare Bandbreite und die Netzwerklatenz erfolgen, um so ein exzellentes Performanceverhalten sicherzustellen. Bei Verbindungsabbrüchen kann der Desktop zentral weiterlaufen und eine automatische Wiederverbindung mit dem Desktop kann ermöglicht werden.
- **Remote-Zugriff für mobile Anwender:** Viele mobile Anwender machen sich wegen der Diebstahlgefahr der mitgeführten Notebooks und dem damit verbundenen Datenverlust Gedanken. Diese Sorgen können beim Zugriff auf virtuelle Desktops ausgeräumt werden, da über heterogene Endgeräte mobil zugegriffen werden kann und Daten nicht auf dem Endgerät abgelegt werden: So ist sichergestellt, dass mobile Mitarbeiter die Arbeit jederzeit fortsetzen können, auch bei Verlust eines Endgeräts, und dass Daten nicht verloren gehen.

- **Einfacher Zugriff für Mitarbeiter in Zweigstellen und im Home Office:** Da das ICA-Protokoll WAN-Verbindungen mit geringen Bandbreiten und hoher Latenz optimal unterstützt, können auch Mitarbeiter in Zweigstellen oder an Telearbeitsplätzen über jedes beliebige Endgerät auf ihren Unternehmens-Desktop zugreifen. Updates und neue Anwendungen stehen jedem Mitarbeiter augenblicklich zur Verfügung – egal wo Mitarbeiter sich aufhalten.
- **Proaktiver Support:** Die Desktop-Virtualisierung kann mit anderen Technologien kombiniert werden, um die bestmöglichen Anwenderfunktionalität zu erzielen. Beispiele dafür sind die Überwachung der Performance, die optimale Einhaltung von Service Levels und der Einsatz spezieller Tools für eine schnelle Diagnose und Behebung von Anwenderproblemen.

4.6.4 Größtmögliche Flexibilität innerhalb der Infrastruktur

Wegen der hohen Zahl der Anwender, die potentiell auf die Desktop-Virtualisierungslösung angewiesen sind, sollte eine Bindung an einen speziellen Anbieter von Virtualisierungsinfrastuktur-Lösung vermieden werden. Folgendes sollte berücksichtigt werden:

- **Hypervisor:** Bei der Auswahl einer Hypervisor-Technologie muss darauf geachtet werden, dass das VHD-Dateiformat von Microsoft unterstützt wird. VHD spezifiziert eine Festplatte einer virtuellen Maschine, die sich auf einem nativen Host-Dateisystem befinden kann und in einer einzelnen Datei enkapsuliert ist. Dieses Format wird von aktuellen Versionen von Microsoft Windows Server verwendet, die Hypervisor-basierte Virtualisierungstechnologien beinhalten.
- **Virtual Storage:** Viele Unternehmen werden künftig einen Mix aus verschiedenen Speichertypen und -quellen einsetzen. Deshalb ist eine Lösung gefragt, die höchste Flexibilität für die Speichervirtualisierung bietet und das virtuelle Storage-Konzept umfassend unterstützt.
- **Endgeräte:** Manche Desktop-Virtualisierungslösungen beschränken sich auf den Support einer begrenzten Zahl von möglichen Endgeräten, z.B. Windows-basierter PCs. Um den maximalen Nutzen der Desktop-Bereitstellungslösung zu garantieren, sollten aber alle anwenderseitigen Betriebssysteme (Windows, Linux, Mac OS usw.) und auch Thin Clients, Smartphones und andere Systeme unterstützt werden.
- **Blade PCs:** Bei den meisten Desktop-Virtualisierungslösungen wird nicht berücksichtigt, dass manche Anwendungen und Anwender individuell angepasste oder dedizierte Hardware mit sehr hoher Performance benötigen. Bei der Auswahl der Lösung muss daher berücksichtigt werden, dass auch diese Anwender über dieselbe Infrastruktur unterstützt werden können, über die VM-Technologien für die übrigen Anwender bereitgestellt werden. Mit diesen Maßnahmen soll letztendlich sichergestellt werden, dass die Inf-

rastruktur bei Bedarf flexibel an neue Marktentwicklungen und geänderte Kundenanforderungen angepasst werden kann – und zwar unter Beibehaltung des vorhandenen Equipments.

4.7 Citrix-Lösungen zur Desktop-Virtualisierung

Die verschiedenen Ansätze zur Virtualisierung von Desktops bei Citrix haben gemeinsam, dass der Benutzer-Desktop nicht lokal auf dem Endgerät des Anwenders eingerichtet ist, sondern zentral über ein Rechenzentrum aus bereitgestellt wird. Dabei lassen sich je nach Technologie und Benutzertyp unterschiedliche Arten von virtuellen Benutzer-Desktops unterscheiden:

- **Standard-Desktop** – Bereitstellung über Microsoft Terminal Services und Citrix XenApp: Bei diesem Verfahren werden dem Anwender ein Standard-Desktop über einen Citrix XenApp-Server zur Verfügung gestellt. Die Benutzerumgebung ist schnell, einfach und für alle Anwender einheitlich gestaltet. Standard-Desktops werden vor allem an Büroarbeitsplätzen mit vielen Routineaufgaben eingesetzt, beispielsweise in Call-Centern oder Banken.
- **Individueller Desktop** – Bereitstellung über Citrix XenDesktop und virtuelle Maschinen: Mit Hilfe virtueller Maschinen auf einem Server lassen sich eigenständige virtuelle Desktops einrichten, die als Services zentral verwaltet werden, aber von ihren Benutzern personalisiert werden können. Dieser Desktop wendet sich an Knowledge Worker mit komplexeren IT-Anforderungen wie z.B. in der Buchhaltung, oder in Finanzabteilungen.
- **Hochleistungs-Desktop** – Bereitstellung über Citrix XenDesktop und Blade PCs: Bei noch höheren Ansprüchen kommt die dritte, besonders leistungsstarke Variante zum Einsatz: Der Desktop wird auf einem Blade PC im Rechenzentrum eingerichtet, dessen individuelle Prozessorleistung und Ressourcenausstattung dem jeweiligen Anwender komplett zur Verfügung steht. Dieser Desktop bietet sich an für Nutzer, die mit rechenintensiven Anwendungen umgehen und normalerweise mit sehr leistungsfähigen Endgeräten ausgestattet werden (z.B. Konstrukteure, Software-Entwickler etc.).

4.7.1 Citrix XenDesktop

Citrix XenDesktop ist eine Komplettlösung für die Virtualisierung von Windows-Desktops, die folgende Komponenten umfasst:

- **Desktop Delivery Controller:** Der Controller verbindet die Anwender mit den virtualisierten Desktops, die über virtuelle Maschinen oder Blade PCs bereitgestellt werden. Die gesamte Kommunikation zwischen Client und Server wird über das leistungsfähige Citrix ICA-Protokoll abgewickelt.

Citrix SpeedScreen™-Technologie beschleunigt die grafische Darstellung der Benutzeroberfläche.

- **Virtualisierungs-Infrastruktur:** XenDesktop enthält mit XenServer™ den Xen Hypervisor und die notwendigen Management-Tools, um Desktop-Betriebssysteme in virtuellen Maschinen zu betreiben, zentral zu verwalten und den Anwendern zugänglich zu machen. Optional können bei XenDesktop als Virtualisierungsinfrastruktur auch Lösungen von VMware oder Microsoft eingesetzt werden.
- **Virtual Desktop Provisioning:** Die integrierten Technologien des Citrix Provisioning Server™ ermöglichen es, ein Desktop-Image nach Bedarf auf beliebig viele virtuelle Maschinen zu streamen. So lassen sich die benötigten Storage-Kapazitäten im Rechenzentrum um bis zu 90 Prozent reduzieren.
- **Integrierte Applikationsvirtualisierung:** Durch XenApp für Virtual Desktops stehen in XenDesktop Enterprise und Platinum die von XenApp bekannten Technologien von Anwendungsveröffentlichung und Anwendungs-Streaming auch für XenDesktop bereit. Dadurch können auf dem virtuellen Desktop Anwendungen genutzt werden, ohne dass diese im herkömmlichen Sinn vorinstalliert werden müssten.

XenDesktop liefert alle benötigten Technologien für eine umfassende Desktop-Virtualisierung. Unternehmen profitieren vor allem vom einfachen Management, den niedrigen Gesamtkosten (TCO) und einer Performance, die einem lokalen Desktop in nichts nachsteht. XenDesktop ist in 5 Editionen verfügbar, um unterschiedliche Unternehmensanforderungen abzudecken.

- *XenDesktop Express Edition*: Kostenlose, auf 10 Benutzer und einen Server beschränkte Umgebung zum Kennenlernen
- *XenDesktop Standard Edition*: Die Einstiegslösung zur DesktopVirtualisierung.
- *XenDesktop Advanced Edition*: Enthält zahlreiche integrierte Funktionen, hohe Skalierbarkeit.
- *XenDesktop Enterprise Edition*: Enthält zahlreiche integrierte Funktionen einschließlich integrierter Applikations-Virtualisierung, hohe Skalierbarkeit.
- *XenDesktop Platinum Edition*: Die durchgängige Lösung zur zentralen Desktop-Bereitstellung mit höchster Benutzerflexibilität, integrierter Applikations-Virtualisierung, umfangreicher Sicherheits-, Performance Monitoring- und Quality-of-Service-Funktionalität sowie einer integrierten Remote-Support-Lösung, WAN-Optimierung und Telefonie-Anbindung.

4.7.2 Wie ergänzen sich Desktop- und Anwendungs-Virtualisierung?

Lösungen für Desktop- und Anwendungs-Virtualisierung sind keine unterschiedlichen Wege zum selben Ziel – vielmehr lassen sich die beiden Ansätze sinnvoll kombinieren. Eine Best Practice-Empfehlung von Citrix ist zum Beispiel, Anwendungen mit XenApp zu virtualisieren und für virtuelle Desktops bereitzustellen, die mit XenDesktop verwaltet werden. Diese Herangehensweise bietet IT-

Abteilungen zahlreiche Vorteile: Unter anderem können sie damit mögliche Applikationskonflikte vermeiden, die Anwendungs-Performance verbessern und eine schlanke Infrastruktur aufbauen, um IT-Ressourcen sehr flexibel zur Verfügung zu stellen. Welche Rolle spielen die anderen Citrix-Produkte für das Thema Virtualisierung?

4.7.3 Desktop Appliances

Desktop Appliances stellen eine neue Klasse von Terminals dar, die speziell entwickelt werden, um sehr einfach eine Verbindung zu XenDesktop herstellen zu können. Diese Geräte entsprechen in ihrem Aufbau Thin Clients und sind auf Kunden-Szenarien zugeschnitten, in denen Wissensarbeiter einen schnellen und einfachen Zugriff auf den zentralen Firmendesktop im LAN benötigen.

Desktop Appliances, die für XenDesktop entwickelt werden, gestalten den Zugriff auf einen zentralen Desktop so, also ob die Nutzer direkt an einem physischen PC arbeiteten, ohne eine wesentlich Änderung der gewohnten Benutzerumgebung wahrzunehmen, z.B. werden die gewohnten Tastatureingaben ausschließlich auf dem remoten Desktop ausgeführt und nicht lokal. Zudem wird der Zugriff auf den zentralen Desktop mit hoher Performance ermöglicht, u.a. durch die Integration von Citrix-Technologien wie Instant-On, SpeedScreen™ usw.

Eine Desktop Appliance wird einfach angeschaltet, der Benutzer sieht zunächst ausschließlich einen Login-Bildschirm und greift nach der Eingabe der Credentials sofort auf „seinen" gewohnten und zentralen Desktop zu, kann nun beispielsweise USB-Speicher und Drucker wie gewohnt an der lokalen Desktop Appliance anstecken und auf dem remoten Desktop nutzen.

4.8 Zusammenfassung

Die Desktop-Virtualisierung ist eine interessante neue Entwicklung für die Anwendungs- und Desktop-Bereitstellung. Citrix empfiehlt Kunden, die vielen Möglichkeiten dieser Technologie unter strategischen Gesichtspunkten zu prüfen. Nach Meinung von Citrix ist die Desktop-Virtualisierung eine Schlüsselkomponente für die Anwendungsbereitstellung. Bei einer umfassenden Anwendung profitieren Endanwender und IT-Administratoren von signifikanten Vorteilen gegenüber der herkömmlichen Desktop-Umgebung.

Citrix hat die folgenden fünf Hauptanforderungen für den erfolgreichen Aufbau einer Infrastruktur für die Desktop-Bereitstellung definiert:

- Anwendungen und Desktops zentralisieren und voneinander trennen.
- Eine Lösung wählen, bei der bei jeder Anmeldung eines Anwenders ein „neuer" Desktop mit personalisierten Anwendungen und benutzerspezifischen Einstellungen versehen wird.

- Eine Infrastruktur aufbauen, in der Desktops zügig bereitgestellt, erweitert und aktualisiert werden können.
- Für eine exzellente Performance sorgen, um die Akzeptanz seitens der Anwender zu gewährleisten.
- Eine Lösung mit einer offenen Infrastruktur wählen, um höchste Flexibilität und breite Auswahlmöglichkeiten sicherzustellen.

5 Thin Clients – Eine Einführung

Von Dr. Frank Lampe

Dr. Frank Lampe ist Marketing Director der IGEL Technology GmbH

5.1 Eine Alternative zu PCs?

Mehr Effizienz und Sicherheit zu geringen Betriebskosten? Genau das ist es, was Thin Clients versprechen. Sei es als Zugriffgerät beim klassischen Server Based Computing oder für den Zugriff auf Blade-Pcs oder Virtuelle Desktops. Als typische Arbeitsplatz- bzw. Endgeräte bieten Thin Clients eine sehr attraktive Alternative zu PC-Umgebungen. Mit einem breiten Spektrum an lokalen „Fähigkeiten" versehen, lassen sich Thin Clients zudem sehr flexibel und zukunftssicher einsetzen. Dieser Beitrag zeigt überblicksartig das Funktionsprinzip sowie die wesentlichen Vorteile von Thin Clients gegenüber PCs auf.

5.2 Client/Server- vs. Server Based Computing

In traditionellen Client/Server-Netzwerken sind Betriebssysteme, Anwendungen und Sicherheitssoftware auf jedem einzelnen Client (meist ein PC oder Notebook) installiert. Auf dem Server liegen verschiedene Daten bzw. Dateien, die der Anwender über seinen Client aufruft und lokal nutzt. Dort bearbeitet er die aufgerufenen Dateien und schließt sie wieder. Damit ist die Datei auf dem Server gespeichert, aber das Abspeichern der Dateien kann auch auf der lokalen Festplatte erfolgen (vgl. Abbildung 5-1). Die Entscheidung was wo gespeichert wird trifft der Nutzer.

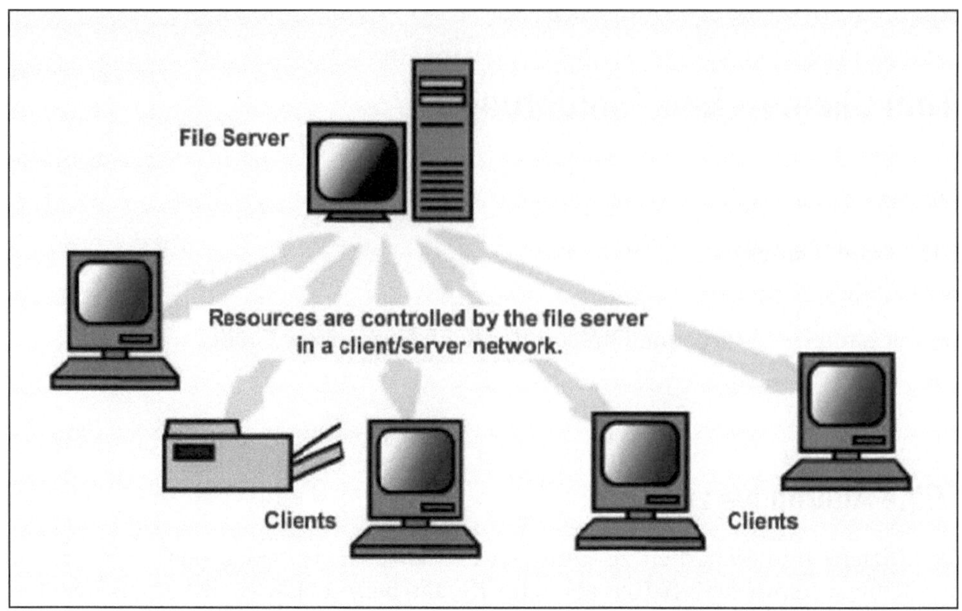

Abbildung 5-1: Im Client/Server-Netzwerk liegen die Daten auf dem Server und die Anwendungen auf den einzelnen PCs. Eine lokale Datenspeicherung ist ebenfalls möglich.

Das jedoch führt dazu, dass viele wichtige Dateien auf verschiedenen Speichermedien über das gesamte Netzwerk verstreut sind und sich diese nicht konzentriert sichern lassen. Außerdem müssen die lokalen Anwendungen auf jedem PC-Client laufend aktualisiert und gepflegt werden. Das erfordert einen hohen Administrationsaufwand. Das Server Based Computing sowie virtuelle Umgebungen arbeiten demgegenüber wesentlich sicherer und effizienter. Hier werden nicht nur die Daten, sondern auch die Anwendungen sowie die Betriebssysteme nur direkt auf dem Server vorgehalten und betrieben. Die eigentliche Rechenleistung verlagert sich somit vom Endgerät auf den oder die zentralen Terminalserver (vgl. Abbildung 5-2).

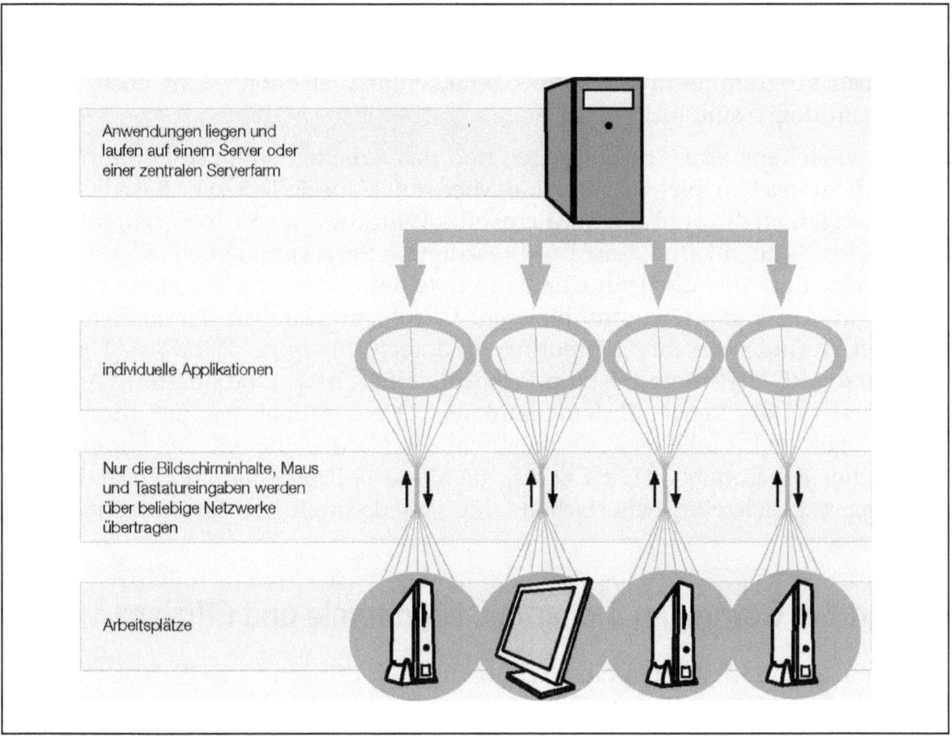

Abbildung 5-2: Im Server Based Computing liegen Daten und Anwendungen auf dem zentralen Terminalserver. Eine lokale Datenspeicherung auf den Clients ist nicht möglich.

Die Serverfarm im Rechenzentrum wird von den Anwenderinnen und Anwendern quasi als ein riesiger PC genutzt, auf dem sie alle gleichzeitig mit denselben Programmen arbeiten können. Der Zugriff auf die Applikationen und Anwendungen erfolgt über Thin Clients, die selbst keine Festplatte besitzen. Dateien können also nicht lokal abgespeichert werden. Die Wartung der einzelnen Applikationen und Betriebssysteme nimmt der Administrator nicht mehr an jedem einzelnen Arbeitsplatz separat vor, sondern einheitlich und zeitsparend auf dem zentralen Terminalserver.

5.3 Zentralisierung – ein bewährtes Prinzip

Diese Rechnerarchitektur erinnert entfernt an die Zeit der großen Mainframe-Zentralrechner und ihrer Terminals. Doch anders als ihre textbasierten Vorgänger bieten die Thin Clients eine grafische Oberfläche und ein Mouse basiertes Handling, das sich kaum von einem PC-Desktop unterscheidet. Für Anwenderinnen und Anwender ändert sich folglich nach einer Umstellung auf Server Based Computing oder virtuelle Desktops kaum etwas. Sie können auf dem gewohnten Desktop dieselben Programme nutzen. Die Userakzeptanz ist daher recht hoch, aufwändige Schulungen sind nicht nötig.

Um die Bereitstellung von Anwendungen und das Arbeiten damit so komfortabel wie möglich zu machen, bieten Citrix und Microsoft® spezielle Server Based Computing-Lösungen an. Sowohl die in Microsoft® Windows® Server integrierten Terminalservices, als auch Citrix XenApp (Presentation Server) bilden ein Kommunikationssystem, über das die Thin Clients mittels bestimmter Protokolle wie RDP und ICA mit den Servern kommunizieren. Citrix-Umgebungen verwenden das Protokoll ICA (Independent Computing Architecture), reine Windows®-Umgebungen nutzen RDP (Remote Desktop Protocol). Unix- bzw. Linux-basierte Architekturen setzen in der Regel auf dem Standard X11 auf, oftmals ergänzt durch die leistungssteigernde Protokollerweiterunge wie z.B. NoMachine NX. Als besonders zukunftssicher gelten daher Thin Clients, die alle drei Protokolle und zusätzliche Erweiterungen gleichzeitig beherrschen und sich dadurch plattformunabhängig einsetzen lassen.

5.4 Ein großer Gewinn an Sicherheit, Ergonomie und Effizienz

Ein großer Gewinn an Sicherheit, Ergonomie und Effizienz Das Server Based Computing aber auch die Nutzung virtueller Desktops verlagert nicht nur die Anwendungen, sondern auch Sicherheitsfunktionen sowie Speicher- und Backupsysteme vom Schreibtisch in den Serverraum. Deshalb benötigen Thin Clients auch nur sehr geringe Bandbreiten im Netzwerk. Die Kommunikation zwischen Servern und Desktop benötigt nur noch wenige Datenpakete. Der Rechenprozess findet auf dem Server statt und nur die Steuerungsdaten wie Tastaturbefehle, Mausklicks und die entsprechenden Bildschirminhalte werden über das Netzwerk gesendet. Nichts desto trotz können bei Anschluss entsprechender Peripherie an den Thin Client auch Audiosignale, Fotos, Scannerbilder usw. an den Server übertragen werden, sofern der Administrator dies vorsieht bzw. zulässt.

5.4.1 Malware

Viren oder Würmer können sich anders als beim PC nicht dauerhaft am Arbeitsplatz festsetzen, da Thin Clients keine offenen lokalen Speichermedien besitzen und das schreibgeschützte interne Betriebssystem durch die aggressiven Computerschädlinge nicht beeinflusst werden kann. Security-Maßnahmen können sich somit hauptsächlich auf die Serverebene konzentrieren.

5.4.2 Arbeitsplatzergonomie

Die schlanken Rechner haben aber auch ergonomische Vorteile: Dank ihres kompakten Designs können sie platzsparend untergebracht werden, z.B. vertikal mit einem Standfuß oder mit einer Montagevorrichtung an der Unterseite des Schreibtischs oder auf der Rückseite des Monitors. Zudem erzeugt die wesentlich geringere Leistungsaufnahme der Thin Clients sehr viel weniger Wärme. Infolgedessen kommen die schlanken Endgeräte ohne Lüfter aus. Dies wiederum macht sie so gut wie lautlos; die Arbeitsatmosphäre verbessert sich spürbar.

5.4.3 Hochverfügbarkeit

Ohne Lüfter, Festplatten und andere mechanische Laufwerke arbeiten Thin Clients sehr zuverlässig. Die Ausfallwahrscheinlichkeit liegt deutlich unter der von PCs. Die Verfügbarkeit der Arbeitsplatzsysteme steigt sowohl durch die einfachere Hardware, aber insbesondere auch durch die begrenzten lokalen Manipulationsmöglichkeiten and der Software, die sicher die häufigste Ausfallursache für Arbeitsplatz-PCs ist.

Die Lebenszyklen sind daher meist doppelt so lang wie die der PCs: statt drei bis vier werden Thin Clients meist sechs bis acht Jahre lang eingesetzt. Dabei liegt ihr Stromverbrauch mindestens 50 Prozent unter dem eines PCs.[1] (vgl. Abbildung 5-3)

Abbildung 5-3: Die schlanken IGEL Thin Clients benötigen im Vergleich zum PC nur wenig Platz, der Strombedarf ist maximal halb so hoch.

1 Quelle: Fraunhofer-Institut für Umwelt-, Sicherheits- und Energietechnik UMSICHT, http://it.umsicht.fraunhofer.de/TCecology/ Sieh auch den Beitrag in diesem Buch

5.5 Reduktion der Gesamtbetriebskosten um bis zu 70 Prozent

Eine Wirtschaftlichkeitsanalyse des Fraunhofer-Instituts für Umwelt-, Sicherheits- und Energietechnik UMSICHT belegt, dass das Server Based Computing mit Thin Clients die Gesamtbetriebskosten im Vergleich zum Client/Server-Netzwerk um bis zu 70 Prozent reduziert (vgl. Abbildung 5-4).

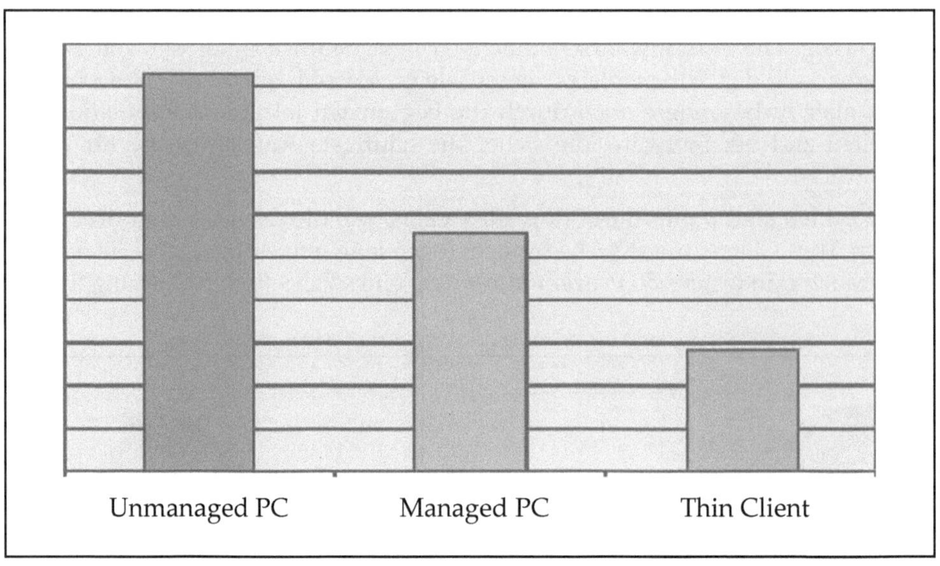

Abbildung 5-4: Gesamtkosten pro Jahr: PC versus Thin Client, Quelle: Fraunhofer UMSICHT, http://it.umsicht. fraunhofer.de/PCvsTC/

Die Thin Clients leisten hierzu einen großen Beitrag, denn sie vereinfachen die Administration und das gesamte Management des Netzes. Anstelle aufwändiger Supportfahrten und der PC-Administration vor Ort zum Aufspielen von Sicherheitspatches oder Programmupdates erfolgt das Management der Thin Clients zentral oder von einem beliebigen Punkt im Netzwerk aus mithilfe intelligenter Software- und Implementierungstools. Ein Beispiel für eine besonders intuitiv bedienbare und dennoch umfangreiche Lösung stellt die Universal Management Suite von IGEL Technology dar. Sie bietet eine Konsole (Remote Manager), die auf der plattformunabhängigen Programmiersprache Java beruht und daher auf jedem Serversystem läuft. Darüber konfiguriert der Administrator per Fernzugriff („remote") im Netz befindliche Thin Clients oder ganze Thin Client-Gruppen. Das zentrale Element des Remote Managers ist eine Datenbank, in der sämtliche Konfigurations- und Systemparameter gespeichert sind. Der Administrator kann über seine Remote Managementkonsole die neuen Clients entsprechend ihrem Zweck und Anwenderprofil neu konfigurieren. Die Konfigurationsinformationen werden dann über eine mit SSL (Secure Socket Layer) verschlüsselte Datenleitung an die Clients gesendet. Dabei spielen Anzahl und Standort der zu bearbeitenden Thin Clients so gut wie keine Rolle. Ebenso unerheblich ist, ob die Thin Clients gerade eingeschaltet sind oder nicht. Nach dem Einschalten holt sich der Thin Client anhand seiner internen Kennung (MAC-Adresse) die in der Datenbank hinterlegten Einstellungen und steht dem Nutzer sofort in der passenden Konfiguration zur Verfügung.

5.6 Zentrales Management und schnelle Roll-outs

Die Fähigkeit zum zentralen Management vereinfacht die täglichen Administrationsarbeiten enorm. Die Aktualisierung der Thin Client-Firmware lässt sich zeitgesteuert beispielsweise nachts ausführen, um die Bandbreite im Netzwerk zu schonen. Dies ist besonders lohnend, wenn sich das Netzwerk über mehrere Gebäude oder Standorte erstreckt. Auch über das WAN (Wide Area Network) lassen sich die Administrations- und Managementaufgaben per Kabel oder Funk von der Zentrale aus vornehmen. Dazu wird in aller Regel ein Virtual Private Network (VPN) zur Absicherung der Datenübertragung eingerichtet. Dank der Möglichkeit, Thin Clients für den jeweiligen Arbeitsplatz vorzukonfigurieren, lassen sich Roll-outs stark beschleunigen. Binnen weniger Tage können auf diese Weise hunderte von Thin Clients in Betrieb genommen werden. Auch der Austausch defekter Geräte ist einfach. Die Anwender können das neue Gerät sogar selbst anschließen. Das Ersatzgerät muss nicht aufwändig eingerichtet werden, sondern erhält beim ersten Start alle nötigen Konfigurationsdaten automatisch. Damit ist der Austausch so unproblematisch wie der Austausch eines Bildschirms.

5.7 Viele Talente dank lokaler Clients, Tools und Protokolle

Was die IGEL Thin Clients über diese Effizienzfaktoren hinaus immer beliebter macht, ist ihr breites Einsatzspektrum. Die unterschiedlichen Fähigkeiten hängen nicht zuletzt von zusätzlichen Softwaretools, Protokollen und Funktionen ab, die in der Firmware der Thin Clients lokal integriert sind. Diese lokalen Helfer umfassen längst nicht mehr nur die für den Zugriff auf die Terminalserver nötigen Kommunikationsprotokolle. Hier wird ein besonders breites, teilweise auch branchenspezifisches Spektrum offeriert (vgl. Tabelle 1). Dazu zählen häufig verwendete Anwendungen wie Web-Browser inklusive Java-Umgebung, Media Player und Plug-Ins wie Acrobat Reader. Auch die Unterstützung von Scannern, bestimmter Tatsturen und Kartenlesern, von eToken, USB-Sticks und Headsets sowie Digitalen Diktiergeräten ist in verschiedenen Branchen unbedingt erforderlich.

Der lokale Betrieb dieser kleinen, aber häufig genutzten Anwendungen entlastet die Serversysteme. Terminalemulationen für den Zugriff auf ältere Hostsysteme oder eine grafische Oberfläche für den direkten Zugriff auf SAP-Hostsysteme sind weitere Digital Services, die moderne Thin Clients flexibel einsetzbar machen. (vgl. Tab. 5-1)

Tabelle 5-1: Lokale Clients und Protokolle machen Thin Clients noch flexibler einsetzbar, Quelle: IGEL Technology

Kategorie	Beispiel
Kommunikationsprotokolle und Erweiterungen	Citrix ICA, Microsoft® RDP, X11R6, NoMachine NX, XDMCP, ThinLinc, Sun Secure Global Desktop (Tarantella)
Sicherheit	Cisco VPN-Client (Virtual Private Network), Unterstützung von: PPTP (VPN), Smartcard, Aladdin eToken, Kobil myIdentity
Virtualisierung	VDM-Client (z.B. von Leostream zum Zugriff auf VMware-Virtualisierungslösungen), CXen ICA 10 und höher (Zugriff auf Citrix Desktop Server)
Host-Zugriff	Terminalemulationen via Ericom PowerTerm
SAP-Zugriff	SAP GUI
Anwendungsbereitstellung	Citrix Program Neighborhood Agent
Druckservices	Thin Client als Printserver, ThinPrint-Client (bandbreitenoptimiertes Drucken)
Firmwareinterne Anwendungen (Bandbreitenoptimierung)	Browser: Internet Explorer, Mozilla Firefox, etc.
Firmwareinterne Anwendungen / Plug-ins (Bandbreitenoptimierung)	Java Runtime-Umgebung, Acrobat Reader, .NET Runtime-Umgebung
Multimedia	Microsoft® Media Player, MPlayer, Real Player, Flash Player, Macromedia Shockwave
IP-Telefonie	VoIP (SIP-Client)

Lokale Tools mit besonders hohem Konsolidierungspotenzial sind: eine Printserverfunktion dank derer sich physikalische Druckserver ersetzen lassen, VoIP-Clients zur IP-Telefonie sowie Software-Clients für den Zugriff auf Desktop-Virtualisierungslösungen wie Virtual Desktop Infrastructure (VDI) von VMware. Mithilfe der Desktop-Virtualisierung lassen sich auch Anwendungen, die nicht terminalserverfähig sind (meist ältere Programme), per Thin Client verfügbar machen. Dazu wird der PC mit der lokalen Installation als virtueller Desktop auf einem Server betrieben. Die Thin Client-Nutzer greifen dann über den VDM (Virtual Desktop Manager)-Client mittels RDP auf ihren virtuellen PC zu. Citrix bietet mit der so genannten XenServer und XenDesktop ebenfalls eine Lösung zur Virtualisierung von Desktops.[2]

5.8 Sichere Authentifizierung durch Smartcards

Beispiele für sicherheitsrelevante lokale Clients und Tools sind VPN-Clients oder die Unterstützung von Authentifizierungslösungen. Letztere lassen sich besonders sicher und effizient mittels Smartcard umsetzen. IGEL Thin Client-Modelle bieten diese Möglichkeit serienmäßig. Einige Geräte integrieren hierfür sogar einen Smartcard-Reader im Gehäuse. Mithilfe der Smartcard lassen sich hoch sichere Authentifizierungslösungen, aber auch eine flexible Arbeitsplatzwahl für die Mitarbeiterinnen und Mitarbeiter realisieren; so zum Beispiel in Verbindung mit Gemalto Smartcard und Citrix Hot Desktop, oder mit einer selbst entwickelten Lösung, die IGEL-Modelle auf Basis von IGEL Embedded Flash Linux bieten. Solche Digital Services für Single Sign-on (einmalige Anmeldung für alle genutzten Anwendungen) und Roaming (das „Mitnehmen" der Arbeitssitzungen an einen anderen Arbeitsplatz) erhöhen gleichzeitig die Produktivität und räumliche Flexibilität der Anwender.

5.9 Fazit: Hohe Zukunftssicherheit für alle Unternehmensgrößen

Die Vorteile von Thin Clients gegenüber PCs sind vielfältig. Mit einer Vielzahl von lokalen Clients und Tools und damit verbundenen Einsatzmöglichkeiten bieten Thin Client-Architekturen für einen Großteil aller Anwendungsgebiete eine hohe Zukunftssicherheit. Das bequeme und effiziente Management, geringe Betriebskosten und das hohe Sicherheitsniveau tragen ebenfalls dazu bei, dass dieser Lösungsansatz in allen Branchen eine hohe Resonanz findet. Gegenüber traditionellen PCs beseitigen Thin Clients als Zugriffsgeräte für das Server Based Computing, Blade PCs oder Virtuelle Desktops bisherige Schwachstellen der Arbeitsplatzinfrastruktur. Darüber hinaus wird die IT-Infrastruktur effizienter und flexibler. Moderne Thin Clients spiegeln diese Entwicklung eindrucksvoll wider. Viele unterschiedliche Bauformen bieten ein hohes Maß an Einsparpotenzialen und Einsatzflexibilität. Dank dieser Eigenschaften stellen Thin Clients eine äußerst wirtschaftliche, ökologische und funktionale Alternative zu herkömmlichen PC-Architekturen dar – und das in allen Unternehmensgrößen.

Die Investition in einfache Server Based Computing-Infrastrukturen kann sich bereits ab sieben Thin Clients nach zwei Jahren amortisieren. Dies erklärt auch das

[2] Siehe auch den Beitrag von Liebisch in diesem Buch.

dramatische Wachstum der Thin Client-Verkaufszahlen in den letzten Jahren mit 20 bis 30% p.a. Angesicht der aktuellen technologischen Entwicklungen wie Blades PCs oder virtuellen Desktops sowie angesichts der vielen ökologischen Vorteile wird die Bedeutung von Thin Clients als Desktop-Arbeitsplatzgeräte in den nächsten Jahren noch weiter zunehmen. Die Unternehmen profitieren dabei von:

- Effizienter zentraler Verwaltung
- Geringeren IT-Gesamtkosten
- Deutlich erhöhter IT-Sicherheit
- Stabilen und hochverfügbaren Arbeitsplätzen
- Flexiblen, langlebigen und ökologisch vorteilhaften Endgeräten.

6 Thin Clients: Anwendungsvirtualisierung (SBC) oder Desktop-Virtualisierung?

Von Dr. Frank Lampe

Dr. Frank Lampe ist Marketing Director der IGEL Technology GmbH

6.1 Einleitung

Mit Thin Clients lassen sich verschiedene auf Virtualisierung basierende Infrastrukturen unterstützen, die jeweils unterschiedliche Vor- und Nachteile besitzen. Dieser Beitrag stellt die wichtigsten Vor- und Nachteile von Server Based Computing und Desktop-Virtualisierung mit Thin Clients gegenüber.

6.2 Ein altes Prinzip neu belebt

Die Idee der Virtualisierung von Desktops ist nicht neu. Der Urahn dieser Technologie kommt von IBM, ihre Wurzeln reichen bis in die 1950er Jahre zurück. Schon damals wurde ein Zentralrechner in so genannte „virtuelle Rechner" aufgeteilt. Das in den 70er Jahren vermarktete Betriebssystem IBM VM verfügte bereits über den für heutige Virtualisierungslösungen charakteristischen Hypervisor. Er verbindet als Mittlersoftware die virtuellen Instanzen entweder mit dem zugrunde liegenden Betriebssystem oder direkt mit der Hardware und verwaltet deren CPUs, Speicher, Grafik und Schnittstellen.

6.3 Desktop- und Anwendungsvirtualisierung

Der Markt für die Desktop-Virtualisierung wächst rasant und er ist stark umkämpft. Alle großen Soft-, aber auch Hardwarehersteller (z.B. Intel) haben einen Hypervisor in ihre Produkte integriert. Der gegenwärtig größte Anbieter von Virtualisierungslösungen für x86-Systeme ist VMware (VMware Server und VMware View Client), weitere Anbieter sind Citrix (XenServer und XenDesktop) und Microsoft (Hyper V) sowie SUN (VirtualBox).

Der generelle Erfolg des Virtualisierungskonzeptes wurzelt in der Servervirtualisierung, mit deren Hilfe verschiedene Serversysteme effizient auf einer gemeinsamen Hardwareplattform verteilt und dynamisch ausgelastet werden können. Die führt zur Konsolidierung und besseren Auslastung der Serverhardware und damit zu verringerten Kosten und verringertem Administrations- und Wartungsaufwand.

Dieselben Virtualisierungsvorteile lassen sich auch im Desktopumfeld erzielen. Die zentrale Virtualisierung und Bereitstellung der User Desktops erfordert weniger anfällige Desktop-Hardware. Der Zugriff auf virtuelle Windows®-Desktops erfolgt über das Remote Desktop Protocol (RDP). RDP wird aber als Kommunikationsprotokoll ebenfalls im Windows®-basierten Server Based Computing (SBC) genutzt und interessanter Weise bietet das Serverbasierte Computing seit längerem ähnliche viele Vorteile wie die Desktop-Virtualisierung. Damit stehen Thin Client-Anwendern prinzipiell beide Welten offen: die Terminalserver basierte Anwendungsbereitstellung mittels SBC (für multiuserfähige Applikationen) und der Zugriff auf virtualisierte Desktops (VDI). Beide Prinzipien haben ihre individuellen Vor- und Nachteile, die es sinnvoll erscheinen lassen, nicht pauschal dem einen oder dem anderen Konzept den Vorzug zu geben.

6.4 VMware VDI und Connection Broker

VMware spricht im Zusammenhang mit der Desktop-Virtualisierung von der Virtual Desktop Infrastructure (VDI). Ein hierfür wesentlicher Teil der Lösung ist der Connection Broker – eine Software, die als eine Art Verkehrspolizist fungiert, der zwischen den Usern und den virtuellen Desktops vermittelt. Nach der Authentifizierung des Users weist sie dem Endgerät einen virtuellen Desktop über eine IP-Addresse zu oder initiiert die Erstellung eines neuen Desktops. Nach dem Abmelden des Users führt sie den virtuellen PC wieder in den Pool zurück oder löst ihn auf. Da VMware ursprünglich nicht für die Bereitstellung virtueller Desktops gedacht war, entwickelten auch andere Firmen Connection Broker für VMware-Umgebungen. Zu den wichtigsten Anbietern zählen bzw. zählten Leostream, Propero (im April 2007 von VMware gekauft und Grundlage des Virtual Desktop Manager VDM) und Citrix Xen. Der Citrix XenDesktop Server integriert u.a. die Technologie von Ardence, einem Unternehmen, das im Januar 2007 von Citrix erworben wurde. Auch Ericom bietet mit dem Ericom WebConnect einen Connection Broker an. Zur Nutzung des Conncetion Broker wird meist ein lokaler Client auf der Desktop-Hardwareseite benötigt. Bei VMware heißt dieser VMware View Client. Für die Nutzung von Citrix XenDesktop reicht ein ICA Client 10 oder höher plus Browser aus.

6.5 Vor- und Nachteile gegenüber lokalen PCs

Die Vorteile der Desktop-Virtualisierung mit Thin Clients gegenüber lokalen PCs in einem Client/Server-Netzwerk ergeben sich wie beim Server Based Computing aus den positiven Effekten der Zentralisierung: Daten und Anwendungen liegen im Rechenzentrum und sind nicht über das Netzwerk verstreut. Die virtuellen Desktops laufen zuverlässig und hoch verfügbar auf Hardware der Serverklasse. Der Zugriff erfolgt vorzugsweise über sehr sichere, langlebige und zentral administrierbare Thin Clients. Ein weiterer Vorteil liegt in der Verwaltung der standardisierten Desktops anhand von Masterimages, die im Vergleich zur Verwaltung einer physischen, oftmals heterogenen PC-Umgebung wesentlich effizienter ist. Dennoch ist auch die Desktop-Virtualisierung kein Allheilmittel:

- Trotz einiger Lösungsansätze ist der Offline-Einsatz, z.B. für Notebooks, nicht trivial. Deshalb sind Laptops mit lokalen Anwendungen im Moment noch die gängige Praxis.
- Ein weiterer Schwachpunkt ist der Single Point of Failure zentraler Computing-Architekturen. Beim Ausfall eines Servers sind alle User, die gerade darauf arbeiten, betroffen. Beim Ausfall eines Netzwerk-PCs nur einer.

Redundante Serverhardware löst letzteres Problem im Falle virtueller Desktops jedoch sehr angenehm, da virtuelle Maschinen im laufenden Betrieb von einer realen Serverhardware auf eine andere verschoben werden können. Auch das Klonen und das Vorhalten bereits laufender virtueller Desktops ist schneller und mit weniger Aufwand verbunden als der Ersatz eines ausgefallenen lokalen PCs. Dies prädestiniert virtuelle Desktops, die über ein Netz praktisch überall erreichbar sind, auch als erste Wahl für Desaster Recovery Strategien.

6.6 Vorteile von VDI gegenüber SBC

Im Vergleich zum Server Based Computing hat die Desktop-Virtualisierung ebenfalls einige Vorzüge vorzuweisen. Aus Sicht des einzelnen Anwenders bietet sie mehr Möglichkeiten zur individuellen Anpassung der Systemumgebung. Außerdem lässt sich für einzelne User eine bessere Performance erzielen. So können Power-User dank der größeren Hardwareressourcen sehr umfangreiche oder rechenintensive Anwendungen nutzen. Über virtuelle PCs lassen sich ferner Programme bereitstellen, die nicht multiuserfähig sind oder nur mit großem Aufwand auf Terminalservern laufen. Sicherheitsrelevante Vorteile entstehen durch die gekapselte Systemumgebung, in der die User-Desktops laufen. Das Server Based Computing hingegen gleicht einem großen Rechner, auf dessen Anwendungs-DLLs alle User gleichzeitig via Terminalserversitzung zugreifen. Schafft es also ein Nutzer auf dem Terminalserver ein Problem zu verursachen, so sind potenziell auch andere Nutzer betroffen. Ein weiterer Vorteil der VDI gegenüber SBC ist, dass die Anwendungen ausschließlich in der ggf. günstigeren Workstation-Version und nicht mehr in der Serverversion laufen können.

6.7 Spezifische Vorteile von VMware VDI

Zusätzlich zu diesen generellen Vorteilen bietet die Virtual Desktop Infrastructure von VMware eine besonders hohe Flexibilität im Umgang mit laufenden Virtual Desktop-Sitzungen. Diese lassen sich, wie schon zuvor kurz erwähnt, beispielsweise zu Wartungszwecken oder zum manuellen Lastausgleich von einem Server zum anderen verschieben. Genauso können sie auch in eine virtuelle Umgebung auf einen Laptop übertragen werden. Dies erfordert zwar einiges an Konfigurationsarbeit, doch dafür ist auch denkbar, dass der User auf Knopfdruck offline geht und mobil weiterarbeitet, das Image wird anschließend wieder für das stationäre Arbeiten zurück auf den Server gespielt. Das Image des virtuellen Desktops kann automatisiert in regelmäßigen Abständen gesichert und bei Bedarf einfach zurück auf den Laptop gespielt werden.

6.8 Nachteile der Desktop-Virtualisierung gegenüber SBC

Anders als in virtuellen Desktop-Infrastrukturen müssen im klassischen SBC keine Gigabyte großen Images gespeichert, verwaltet und eventuell jeweils einzeln gepatched mit Internet-Security- und Antivirensoftware geschützt werden. Der Storagebedarf wird je nach dem genutzten Konzept von „ein Image für alle“ bis zu „Jedem sein eigenes Images“ sehr groß. Diese Images zu verwalten und aktuell zu halten ist kein leichte Aufgabe.

Ein noch wesentlicherer Vorteil besteht jedoch in der höheren Effizienz des SBC in punkto Nutzerzahlen pro Server. So lassen sich unter Citrix XenApp (früher Presentation Server) auf einem typischen Server mit Doppelprozessor und 4 GB RAM in der Regel zwischen 35 und 50 simultane Terminalserversitzungen betreiben, aber nur etwa 15 bis 20 virtuelle Windows® XP-PCs. Mit Windows® Vista® ist das Verhältnis aufgrund der höheren Systemanforderungen noch drastischer. Ein weiterer Punkt für das SBC: Es benötigt weder Virtualisierungs- oder Hypervisor-Software noch einen Connection Broker.

Die SBC-Software wie Citrix XenApp gilt außerdem als deutlich ausgereifter. Die VDI-Lösungen sind noch relativ jung und viele technische Herausforderungen sind noch zu meistern. Dazu gehören Multimedia-Redirection, USB-Redirection und Printer-Redirection. Damit ist das „hineinmappen“ von lokaler Hardware wie USB- und Printer-Anschlüssen sowie lokalen Applikationen wie Webbrowsern inkl. Java und Flash in die virtuellen Desktops gemeint. Es gibt hierzu zwar bereits Lösungen von Drittanbietern wie RES, aber sie kosten einiges an Lizenzgebühren extra.

6.9 Typische Anwendungsbereiche

Aufgrund der vielfältigen Argumente für VDI entsteht leicht der Eindruck, dass hier ein Konkurrent zum SBC-Modell heranwächst. Tatsächlich ist der Markt noch nicht sortiert. Die zahlreichen Technologiezukäufe seitens VMware, Citrix und Microsoft® belegen, dass sich die großen Player für einen Kampf um Marktanteile rüsten und bemüht sind fehlendes Technologisches und Lücken im Portfolio durch schnelle Firmenübernahmen zu ergänzen. Aus Anwendersicht stellt sich keine Entweder-oder-Frage. Zugegeben, die Desktop-Virtualisierung ist für nahezu jedes Unternehmen relevant, allerdings nur für schätzungsweise fünfzehn bis 30 Prozent der IT-Arbeitsplätze. Standarddesktops mit den üblichen Windows®-Anwendungen lassen sich weitaus effizienter mithilfe des SBC abbilden. Dasselbe gilt für IT-Umgebungen mit gut vorhersehbaren Hardware-Auslastungen und stabil laufender Software. Dem gegenüber empfehlen sich virtuelle Desktops für Software-Entwickler und Power-User, um entweder eine gekapselte Systemumgebung oder eine stark individuelle Anwendungsumgebung mit flexiblen Ressourcen bereitzustellen. Auch lassen sich virtuelle Desktops einfacher mit verschiedenen Betriebssystemen anbieten. So können einzelne User bequem zwischen Microsoft® Windows® XP, Windows® Vista® und Linux wechseln oder per Multiview gleichzeitig auf verschiedenen Bildschirmen arbeiten.

6.10 Attraktive Mischform: dynamische Desktops

Eine viel versprechende Mischform zwischen SBC und VDI ist der Ansatz von Citrix, früher auch als Dynamic Desktop Initiative (DDI) bezeichnet. Im Zentrum dieses Modells steht Citrix XenDesktop quasi ein Connection Broker und der Citrix XenServer. Er gestattet als Vermittler je nach Konfiguration sowohl den Zugriff auf eine Terminalserversitzung als auch auf VDI gehostete Windows® XP- bzw. Windows® Vista®-Desktops oder auf einen dedizierten PC mit aktiviertem RDP. Ein weiterer Nutzen geht auf die integrierte Ardence-Technologie zurück. Damit lassen sich virtuelle Desktops dynamisch kreieren und bereitstellen. Infolgedessen sinken Image-Anzahl und Speicherbedarf und das User/Server-Verhältnis steigt an. In der Version 2 des Citrix Desktop Server erfolgt zudem die Verbindung zu virtuellen Desktops durchgängig via ICA. Das Citrix Protokoll ICA ist Microsofts Remote Desktop Protocol (RDP) bislang noch in vielen Punkten überlegen. Aber auch Microsoft® wird seinerseits gemeinsam mit Windows® Server 2008 R2 eine neue, umfangreich erweiterte Version des RDP veröffentlichen.

6.11 Die Thin Client-Strategie für VDI oder SBC

SBC oder VDI – die Auswahl der Desktop-Endgeräte hat maßgeblichen Einfluss auf die Höhe des insgesamt erzielbaren Optimierungspotenzials. Thin Clients sind hier ohne Frage die beste Wahl, denn sie arbeiten nicht nur zu sehr niedrigen Betriebskosten[1], sondern gewähren mit den richtigen lokalen Tools und Clients auch den Zugriff auf alle relevanten Systemwelten – und das unabhängig vom Betriebssystem. So integriert beispielsweise der deutsche Marktführer IGEL Technology zusätzlich zu den im SBC üblichen Sitzungsprotokollen RDP, ICA und X11 auch einen VMware View Client und einen Erciom WebConnect Client in die lokale Firmware seiner Thin Client Modelle.

Lokale Tools und Clients

Die Anwender können auch noch von zahlreichen Zusatzfunktionen profitieren, wie u.a. eine SAP GUI oder Terminalserveremulationen für den direkten, sicheren Zugriff auf Hostapplikationen. Darüber hinaus ist eine solide Unterstützung an ergänzenden Sicherheitstechnologien, wie zum Beispiel integrierte Cisco-VPN-Clients, eToken-Unterstützung, oder integrierte Smartcard-Lösungen zur Umsetzung von Authentifizierungs- und Single Sign-on-Lösungen hilfreich. Diese Features lassen sich, je nach Technologie, sowohl in SBC- als auch in VDI-Umgebungen nutzen.

VoIP

Ein besonders hohes Konsolidierungspotenzial eröffnet die Möglichkeit zur IP-Telefonie via Thin Client mit SIP-Client und Headset. So kann firmenintern via Thin Client über das LAN telefoniert werden. Für externe Gespräche wird z.B. noch ein Open Source Asterisk Server bzw. ein VoIP Provider benötigt.

Dualview und Quadscreen

Die serienmäßige Dualview-Fähigkeit einiger Thin Clients gestattet den Anschluss zweier Monitore. Dies ist in vielen Branchen, wie etwa bei Versicherungen, Steuerberatern und Wirtschaftsprüfern aber auch an vielen Büroarbeitsplätzen sehr vorteilhaft und steigert die Produktivität der Arbeitnehmer durch den Wegfall von hunderten von Umschaltvorgängen täglich. Spezialisierte Arbeitsplätze, wie zum Beispiel in der Prozesssteuerung oder Überwachung erfordern auch Quadscreen-Szenarien. Damit lassen sich beispielsweise im Finanzwesen, in der Produktionssteuerung oder im Handel bis zu vier virtuelle Desktops gleichzeitig anzeigen.

Thin Client Bauformen

Thin Clients gibt es in unterschiedlichen Bauformen (vgl. Tabelle 1). Die Thin Client-Vorzüge werden gegenwärtig verstärkt auch bei mobilen Mitarbeitern eingesetzt und zwar in Form von Thin Client Notebooks, die für den Einsatz im Außendienst gedacht sind. Auch in einen Monitor integrierte Thin Clients z.B. für den Point of Sale sind erhältlich und lassen. Thin Client Cards für PCs bieten darüber hinaus eine preisgünstige Übergangslösung zum Thin Client Computing. Insgesamt kann man folgende Bauformen unterscheiden:

---

[1] Vgl. Auch den Artikel von Knermann in diesem Buch

- Klassische stationäre Desktop-Thin Clients
- Thin Client mit integriertem TFT-Monitor
- Mobile Thin Clients (als Tablet oder Notebook)
- Multidisplay Thin Clients
- Thin Client-Karten für PCs zur schrittweisen Migration von PCs auf Thin Clients

6.12 VDI – SBC – Thin Clients: Was ist die optimale Strategie?

Die optimale Strategie zeichnet sich durch Offenheit und Flexibilität aus. Wie dieser Beitrag gezeigt hat, haben sowohl Desktop-Virtualisierung als auch Server Based Computing vielfältige Vorteile und spezifische Nachteile. Tabelle 6-1 stellt die Vor- und Nachteile auch gegenüber dem klassischen Client/Server Modell zusammen

Tabelle 6-1: Vorteile und Nachteile von Desktopvirtualisierung

Vorteile der Desktop-Virtualisierung gegenüber Server Based Computing	Nachteile der Desktop-Virtualisierung gegenüber Server Based Computing
– bessere Performance (aus Usersicht) – keine Kompatibilitätsprobleme mit Anwendungen – keine Probleme mit DLL-Sharing – Einfachere Security (Datensicherung und -wiederherstellung) – einfaches „Verlagern" von Desktopsitzungen von Server zu Server – nur Workstation-Versionen der Anwendungen nötig – User können mehr individuelle Einstellungen vornehmen – Mitnahme der Sessions möglich (offline Arbeiten)	– hoher Aufwand zur Verwaltung der Desktopimages (Internet Security und Antivirensoftware auf jeder VM) – mehr Serverhardware erforderlich (nur etwa ein fünftel der User pro Server) – mehr Software (Connection Broker oder Hypervisor-Software) – ggf. höhere Lizenzkosten (VMware gegenüber Citrix)

Fortsetzung Tabelle 6-1:Vorteile und Nachteile von Desktopvirtualisierung, Quelle: IGEL Technology

Vorteile der Desktop-Virtualisierung gegenüber Client/ Server-Computing	Nachteile der Desktop-Virtualisierung gegenüber Client/ Server-Computing
– zentrale Datenhaltung – Verfügbarkeit: Desktops laufen auf Hardware der Serverklasse – Unabhängigkeit vom Endgerät – Einfacheres Client-Management	– Offline-Nutzung nicht trivial (Konfigurationsaufwand) – Single Point of Failure (Datencenter)

Auch die Anwenderszenarien, die jeweils angesprochen werden, unterscheiden sich. Je nach Art des Unternehmens wird ein unterschiedlich hoher Anteil an Arbeitsplätzen nach SBC oder einer VDI-Lösungen verlangen. Siehe Tabelle 6-2.

Tabelle 6-2: Typische Anwendungsfälle von SBC und Desktop-Virtualisierung, Quelle: IGEL Technology

Server Based Computing	Virtuelle Desktop-Infrastruktur (VDI)
– Standardarbeitsplätze mit typischen Windows®-Anwendungen – vorhersehbare Hardware-Auslastung – stabil laufende Software	– Einsatz nicht terminalserverfähiger Software – Userszenarien mit variablen (hohen) Hardware-Anforderungen – Userszenarien mit mehreren Desktop-Betriebssystemen auf einem Endgerät – viele redundante Lizenzen für Windows® XP oder Windows® Vista® – Einsatz unstabiler und fehlerhafter Software
-> trifft auf ca. 70 - 85% der User zu	-> trifft auf 15 bis 30 % der User zu

Für bestimmte User wird es auch zukünftig den Wunsch nach lokalen PCs bzw. Notebooks geben. Dabei kann es sich um sowohl um Außendienstler handeln als auch um bestimmte „previligierte" Nutzer oder um Anwender mit besondern Applikations- und Ressourcenbedürfnissen, die nicht zufriedenstellend oder nur mit größerem Aufwand über SBC oder Desktop-Virtualisierung abgebildet werden können. Es erscheint daher logisch, dass sich Unternehmen zwischen drei Alternativen entscheiden werden:

- Server Based Computing mit Thin Clients + vereinzelte PCs Arbeitsplätze / Notebooks
- Desktop-Virtualisierung /VDI mit Thin Clients + vereinzelte PCs Arbeitsplätze / Notebooks
- Mischformen aus SBC und Desktop-Virtualisierung / VDI + vereinzelte PCs Arbeitsplätze / Notebooks

Wer sich nicht auf eine bestimmte VDI-Lösung festlegen und künftig auch alternativ oder im Mischbetrieb Server Based Computing nutzen möchte, sollte eine passende Thin Client-Strategie wählen um langfristig alle Vorteile nutzen zu können. Thin Client-Hersteller, die Linux-, Windows® CE- und Windows® XP Embedded-basierte Modelle anbieten, versprechen eine schnelle Adaption neuer Technologien auf allen gängigen Plattformen. Regelmäßige kostenlose Firmware Updates helfen dabei den Anschluss an neue Technologien nicht zu verlieren.

Ein Maximum an Flexibilität, Konsolidierungspotenzial und Investitionssicherheit gewährleisten Modelle mit einem breiten Spektrum an lokalen Tools und Clients und unterstützenden Technologien. Ein weiteres Auswahlkriterium stellt möglicherweise auch die Verfügbarkeit spezifischer Bauformen und Betriebssystemvarianten dar. Dabei sollten sich jedoch alle Geräte über eine einheitliche zentrale Managementlösung administrieren lassen. Die Mitgliedschaft des Herstellers in Entwicklungsallianzen, wie z.B. dem VMware VDI Alliance Program oder Citrix Ready, bildet einen weiteren Hinweis auf die Zukunftssicherheit. Werden diese Aspekte berücksichtigt, können alle charakteristischen Vorzüge von SBC und Desktop-Virtualisierung in einer standardisierten und kostengünstigen Arbeitsplatzumgebung wettbewerbsrelevant zum Tragen kommen.

TEIL C:

Ökologische und ökonomische Aspekte

7 Thin Clients vs PCs: Wirtschaftlichkeitsbetrachtung

Von Christian Knermann

Christian Knermann ist stellv. Leiter des IT-Managements, Fraunhofer Institut für Umwelt-, Sicherheits- und Energietechnik UMSICHT in Oberhausen

7.1 Einleitung

Angesichts steigenden Wettbewerbsdrucks sehen sich IT-Verantwortliche mit beständig steigenden Anforderungen an die Unternehmens-IT bei gleichzeitig schrumpfenden Budgets konfrontiert. Entsprechend ist Konsolidierung gefordert, um sowohl auf Seiten der Server als auch auf Seiten der Desktop-Systeme die Anzahl und den Leistungshunger der benötigten Gerätschaften zu begrenzen.

Über funktionale Randbedingungen wie Kompatibilität von Anwendungen und zu unterstützende Peripherie hinaus ist somit auch und insbesondere vor der Durchführung von Server Based Computing Projekten die Frage der Wirtschaftlichkeit zu untersuchen. Dies gilt umso mehr, als gerade im Marktsegment der Terminal Server und Thin Clients ein imenses Informationsdefizit besteht und zahlreiche IT-Verantwortliche deren Einsatz nicht in Erwägung ziehen.

Soweit diese ablehnende Haltung auf erwartete zu hohe Kosten zurückzuführen ist, soll im Folgenden am Beispiel eines fiktiven mittelständischen Unternehmens mit 175 zu unterstützenden IT-Arbeitsplätzen erläutert werden, welche Kosten mit den unterschiedlichen Betriebsmodellen – Desktop-PC oder Thin Clients in Verbindung mit Terminal Servern – einhergehen.

7.2 Beschaffungskosten

Neben technischen Beweggründen, sei es der Einsatz von Spezialsoftware oder ein hoher Anteil mobiler Anwender, werden erfahrungsgemäß häufig die Anschaffungskosten als Argument gegen Thin Clients ins Feld geführt. Dabei treten oftmals pauschale Einschätzungen zu Tage, etwa dass die Lizenzkosten im Vergleich mit Einzelplatzsystemen zu hoch seien oder dass die Beschaffung eines Thin Clients nicht wesentlich günstiger sei als die eines PC.

7.2.1 Client-Hardware

Bei einem Vergleich marktüblicher Preise zeigt sich tatsächlich, dass ein für Büroaufgaben tauglicher PC bereits für weniger als 600 €[1] beschafft werden kann und Thin Client Modelle im Premium-Segment nur unwesentlich günstiger sind. Ausgestattet mit lokaler Software wie Web-Browser oder ERP-Client und der Möglichkeit zur Erweiterung der Hardware zielen diese Geräte aber teils auf die eigenständige Datenverarbeitung ab, während ein Gerät, welches die grundlegende Anforderung der Kommunikation mit Terminal Servern erfüllt, bereits für unter 200 € erhältlich ist.

7.2.2 Server-Hardware

Natürlich darf insbesondere beim Einsatz von Thin Clients der Server nicht unberücksichtigt bleiben, da die Clients von den Terminaldiensten und den darüber bereitgestellten Applikationen funktional abhängig sind. Dies führt zu der Fragen, wie ein Terminal Server dimensioniert sein muss, um eine bestimmte Last erfolgreich zu bewältigen, oder im Umkehrschluss wie viele Benutzersitzungen eine bereits gegebene Hardware ausführen kann.

Serversizing

Dieser Prozess wird auch als „Serversizing" bezeichnet und wirft weitere Fragen auf, nämlich was eine bestimmte Last überhaupt ist und wie sie sich ermitteln lässt, ferner was es heißt, diese *erfolgreich* zu bewältigen. Als Grundprinzip gilt hier, dass die Anwender flüssig arbeiten können müssen. Zu allererst muss eine unmittelbare Reaktion auf Mausbewegungen und Tastatureingaben erfolgen, genauso wie das verzögerungsfreie Scrollen in Dokumenten oder die sofortige Darstellung beliebiger Bildschirmausschnitte möglich sein muss. Dies ist essentiell, da sich schlechte Antwortzeiten in diesen Basisfunktionen absolut negativ auf die Benutzerakzeptanz gegenüber den Terminal Servern und Thin Clients auswirken.

---

[1] Alle im folgenden angenommen Preise wurden Mitte des Jahres 2008 erhoben und dienen lediglich der beispielhaften Berechnung. Auf Grund von Wechselkursschwankungen oder Preisanpassungen durch die Hersteller können aktuelle Preise abweichen.

Machen Anwender für einen auch nur verhältnismäßig kurzen Zeitraum schlechte Erfahrungen, so zeigen es Praxisbeispiele leider immer wieder, werden sie die Verwendung von Thin Clients ablehnen und Möglichkeiten suchen, mit einem lokalen Arbeitsplatz PC arbeiten zu können. Ein Benutzer ist erstaunlicherweise hier kritischer gegenüber dem Server Based Computing als dem eigenen, unter Umständen genauso überforderten Arbeitsplatz PC. Es gibt jedoch auch positive Beispiele von Unternehmen und Institutionen, bei denen die Anwender auf Grund der überlegenen Performance des Terminal Servers dort freiwillig auf ihre PC verzichtet haben und lieber mit einem Thin Client arbeiten.

Die zu erwartende Last hängt von der Tätigkeit der Anwender und der von ihnen verwendeten Software ab. Dabei gibt es nicht nur unterschiedliche Kategorien von Anwendern, die aufgrund unterschiedlicher Aufgaben auch unterschiedliche Software einsetzen, sondern auch das individuelle Verhalten einzelner Benutzer ist jeweils verschieden. So öffnet der eine Benutzer immer nur die gerade benutzte Anwendung und schließt diese vor der Verwendung der nächsten, während ein anderer Benutzer mit den gleichen Aufgaben zahlreiche Applikationen öffnet, um dann beliebig zwischen diesen hin- und herzuschalten. Diese unterschiedlichen Verhaltensweisen wirken sich unterschiedlich auf den Speicherbedarf und die Prozessorauslastung aus.

Terminal Server

Im Rahmen einer Studie [UMSICHT, 2008-1] des Fraunhofer-Instituts für Umwelt-, Sicherheits- und Energietechnik UMSICHT in Oberhausen wurden umfangreiche Vorüberlegungen zur Dimensionierung und Skalierung von Terminal Servern niedergelegt. Als Ergebnis wurde ein System der Leistungsklasse eines HP ProLiant DL360 Servers mit zwei Intel Xeon Prozessoren und 4 GB RAM als Empfehlung erarbeitet und im Praxiseinsatz verifiziert. Dieser Empfehlung lagen folgende Überlegungen zu Grunde:

- Maßgeblich für den Betrieb eines Terminal Servers sind Arbeitsspeicher und Prozessoren, während Storage eine eher untergeordnete Rolle spielt, da die Datenhaltung in der Regel auf separaten Fileservern erfolgt.
- Da Server mit vier oder mehr Prozessoren zudem oftmals mit einem Speichersubsystem ausgestattet sind, das gemäß der vorangegangenen Überlegung nicht benötigt wird, erscheinen Dual-Prozessor-Systeme am geeignetsten.
- Unter der Prämisse, dass einzelne Benutzersitzungen jeweils mindestens 64 MB Hauptspeicher benötigen und dass die tatsächlich zu erwartende Prozessorlast ex ante kaum bestimmbar ist, wurde eine Anzahl von maximal 35 Benutzern pro Dual-Prozessor angenommen. Dieser Annahme liegt der Bedarf eines durchschnittlichen Büroanwenders zu Grunde, der mit zwei bis vier Standardapplikationen gleichzeitig arbeitet.

Verschiedene Generationen eben dieses Server-Systems sind nun bereits seit Ende 2004 bei Fraunhofer UMSICHT im Einsatz, so dass sich die Annahmen der Studie an Hand von Daten der Langzeitstatistik ex post verifizieren ließen. So wurde gegen Ende des Jahres 2006, bevor die Serverfarm um weitere Systeme ergänzt wurde, die Leistungsgrenze bei einer Anzahl von ungefähr 35 Benutzersitzungen erreicht. Die Beobachtung eines Terminal Servers über 24 Stunden ließ eine deutliche Korrelation zwischen der Anzahl der Benutzer und der Auslastung des Systems erkennen, wobei nicht die Prozessoren sondern der verfügbare Hauptspeicher als limitierender Faktor in Erscheinung trat (Abbildung 7-1).

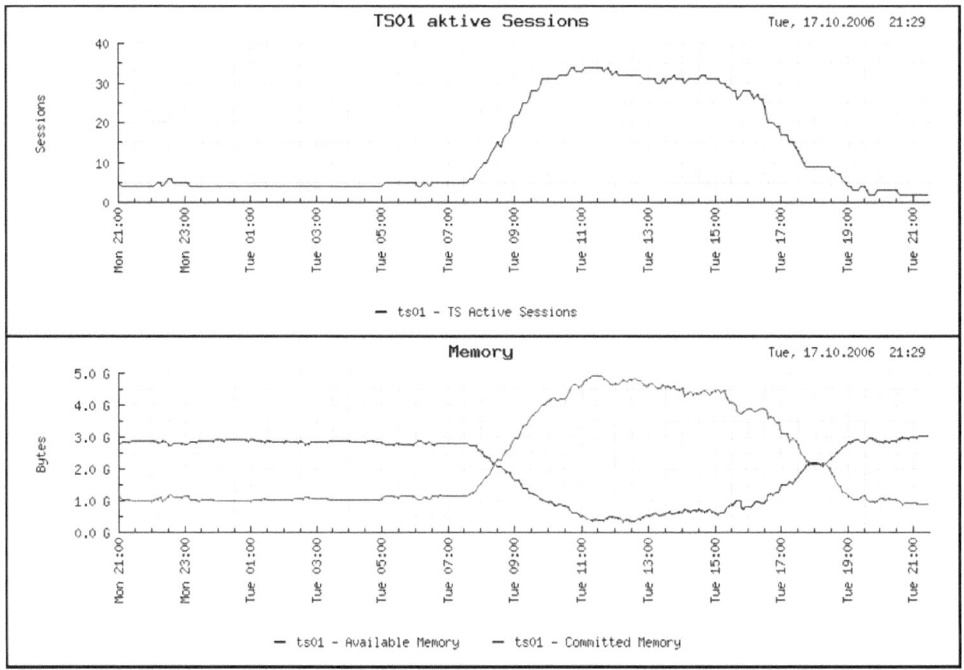

Abbildung 7-1: Bei ungefähr 35 Sessions geht der Hauptspeicher (Available Memory) zur Neige

Ein Server, welcher die genannten Leistungsanforderungen erfüllt, ist am Markt zu Preisen zwischen 3.000 und 4.000 € erhältlich. Entsprechend der Anzahl der möglichen Sessions, in unserem Beispiel 35, ist dieser Betrag auf die Clients anteilig zu verrechnen. Als weitere Maßgabe für die praktische Implementierung hat sich die Empfehlung bewährt, die Anzahl der Terminal Server nicht genau an der Menge der zu unterstützenden Clients auszurichten sondern Überkapazitäten einzuplanen, damit beim Ausfall eines Servers keine Leistungsengpässe auftreten. Der Anteil der Serverkosten pro Client ergibt sich entsprechend aus:

$$\text{Kosten Server} \times \frac{\text{Anzahl Clients}}{\text{User pro Server}} + \text{Kosten zusätzlicher Server}$$

Dieser Anteil wird im Rahmen des Kostenmodells auf die Clients umgelegt.

Softwareverteilung

Auch im klassischen Client-/Server-Betriebsmodell ist ein Management-Server für die PC nötig, denn kaum ein Unternehmen wird es sich leisten können, eine größere Menge Desktops manuell zu administrieren. Anwendungen, Sicherheitsupdates und Virensignaturen müssen zentral paketiert und verteilt werden, wobei für diese Aufgaben im Gegensatz zum Terminal Server keine besonderen Anforderungen an Arbeitsspeicherausstattung und Prozessoren bestehen, jedoch ausreichend Speicherplatz für die Anwendungspakete vorzuhalten ist. Gemäß diesen Überlegungen fließt ein Single Prozessor System mit 2 GB RAM und 300 GB Festplattenspeicher zu einem angenommenen Preis von 2.500 € in das Berechnungsmodell mit ein und wird auf die Menge der Clients verrechnet.

7.2.3 Software-Lizenzen

Für beide Betriebsmodelle sind neben der Hardware die Kosten für Softwarelizenzen zu berücksichtigen, deren Beschaffung über entsprechende Lizenzprogramme erfolgen kann. Schon ab fünf zu unterstützenden Arbeitsplätzen bietet Microsoft das Programm „Open License", dem zufolge eine Lizenz des Desktop-Betriebssystems Windows Vista zusammen mit einer Client Access License (CAL) zum Preis von ca. 160 € beschafft werden kann.

Bei der **Client Access License (CAL)** handelt es sich um eine Lizenz für den Zugriff auf die Basisdienste (z.B. Netzwerkdienste wie DNS und DHCP, Datei- und Druckerfreigaben), die von einem Windows Server bereitgestellt werden. Diese kann „pro Server" für eine bestimmte Anzahl von Clients beschafft werden oder „pro Gerät oder Benutzer". In letzterem Fall ist dem Gerät oder Benutzer der Zugriff auf beliebig viele Server im Netzwerk gestattet, weswegen diese Art der Lizensierung im Unternehmenseinsatz überwiegt. Es wird für jeden Anwender, d.h. für jede natürliche Person, oder jedes Endgerät eine Lizenz benötigt.

Hinzu kommen die Lizenz für ein System zur automatischen Softwareverteilung, die im folgenden Kostenmodell mit 50 € pro Client veranschlagt wird, sowie das Betriebssystem für den Management-Server der automatischen Software-Verteilung, welcher Softwarepakte an die Clients ausliefert. Hierfür wird ein Windows Server in der Standard Variante mit einem Preis von 475 € zum Ansatz gebracht, wobei der Preis anteilig auf die Menge der zu unterstützenden Clients zu verrechnen ist.

Terminaldienste-Lizensierung

Die häufig anzutreffende Annahme, dass der Betrieb einer Terminal Server Infrastruktur demgegenüber zu kostspielig sei, liegt nicht zuletzt im komplexen Lizenzmodell begründet. So erfordern Terminal Server basierend auf den Microsoft Terminaldiensten mindestens eine dreistufige Lizenzierung (Abbildung 7-2).

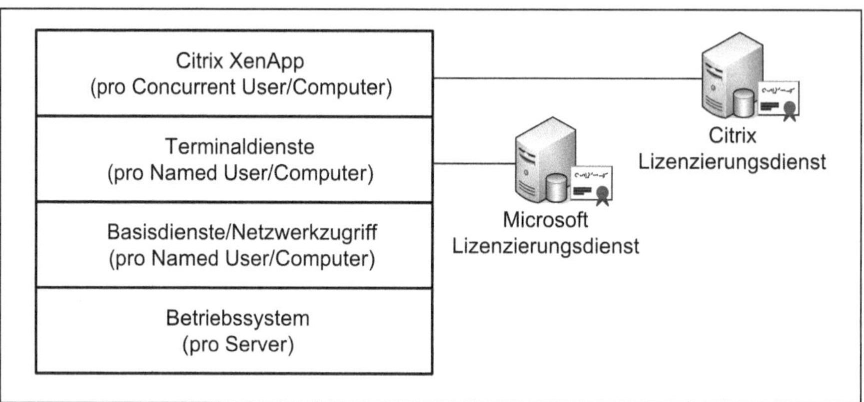

Abbildung 7-2: Terminaldienste Lizenzhierarchie

Das Server-Betriebssystem ist pro Maschine zu lizenzieren. Hinzu kommt auch hier für jeden Thin Client oder Benutzer eine CAL, die aber nur die Basisdienste des Servers abdeckt, während für den Zugriff auf die Terminaldienste zusätzlich eine weitere Lizenz, die Terminal Server Client Access License (TS-CAL) erforderlich ist. Die TS-CAL wird auch technisch im System verankert und über einen Netzwerkdienst, die Terminaldienste-Lizenzierung, verwaltet.

Sofern als Ergänzung und Funktionserweiterung Citrix XenApp (vormals Presentation Server) eingesetzt werden soll, werden auch hierfür entsprechende Lizenzen benötigt, die ebenfalls über eine Lizenzdienst verwaltet werden. Im Gegensatz zu den Microsoft Terminaldiensten erfolgt die Lizenzierung aber nicht pro Client oder natürlicher Person, sondern pro laufender Sitzung. Diese als „Concurrent Use" bezeichnete Art der Lizenzierung bedeutet für den praktischen Einsatz, dass unter Umständen weniger Lizenzen bereitgehalten werden müssen als Mitarbeiter im Unternehmen beschäftigt sind.

Ebenfalls rabattiert nach dem Microsoft Lizenzprogramm „Open License" fließt das Server-Betriebssystem in der Enterprise Variante mit 1.540 € in das Kostenmodell ein, wobei dieser Betrag wiederum anteilig auf die Clients umzulegen ist. Eben dieses gilt auch für eine Software zur Online-Defragmentierung der Festplatten des Terminal Servers, die sich in der Praxis bewährt, da im produktiven Einsatz zahlreiche temporäre Dateien sowie die Profile der Anwender lokal auf dem Server abgelegt werden. Diese Software wird mit 350 € berücksichtigt.

Pro Gerät sind 73 € für CAL und TS-CAL zu veranschlagen. Vereinfachend wird angenommen, dass pro Client eine Citrix Benutzerlizenz benötigt wird, die mit dem Listenpreis[2] von 240 € für eine XenApp Enterprise Verbindung in die Berechnung eingeht. Da in der Regel nicht alle Anwender gleichzeitig arbeiten, kann die Anzahl benötigter Lizenzen im praktischen Einsatz je nach Nutzerverhalten geringer ausfallen.

7.2.4 Kummulierte Beschaffungskosten

Die Kosten für den Management-Server der automatischen Softwareverteilung werden auf die Gesamtzahl der Clients, in diesem Beispiel 175 Desktop-PC, verrechnet, womit sich Beschaffungskosten von 827,00 € für die Hard- und Software eines Arbeitsplatzes ergeben (Abbildung 7-3).

PC	
Hardware	600,00 €
Windows Vista	140,00 €
Windows Server CAL pro Gerät	20,00 €
Lizenze Softwaremanagement	50,00 €
	810,00 €
Serveranteil	17,00 €
Gesamt	**827,00 €**

Management Server	
Hardware	2.500,00 €
Windows Server (Standard Edition)	475,00 €
	2.975,00 €

Kosten Server / Anzahl Clients

Abbildung 7-3: Beschaffungskosten für Hard- und Software eines PC-Arbeitsplatzes

Bei angenommenen 35 Benutzersitzungen pro Terminal Server und einem Reserve-Server werden sechs Systeme benötigt, um 175 Thin Clients zu bedienen. Inklusive anteiliger Verrechnung der Server ergeben sich somit 814,94 € für die Beschaffung eines Thin Client-Arbeitsplatzes (Bild 7.4).

2 Ein Rabatt von 25 Prozent ist erst bei Abnahme von über 300 Lizenzen möglich und wird daher im Fallbeispiel nicht betrachtet.

Thin Client	
Hardware	300,00 €
Windows Server 2003 Device CAL	20,00 €
Windows Server 2003 Terminal Server Device CAL	53,00 €
Citrix Presentation Server User Connection	240,00 €
	613,00 €
Serveranteil	201,94 €
Gesamt	**814,94 €**

Terminal Server	
Hardware	4.000,00 €
Windows Server 2003 Enterprise Edition	1.540,00 €
Defragmentierungssoftware	350,00 €
	5.890,00 €

$$\text{Kosten Server} \times \frac{\text{Anzahl Clients}}{\text{User pro Server}} + \text{Kosten zusätzlicher Server}$$

Abbildung 7-4: Beschaffungskosten für Hard- und Software eines Thin Client-Arbeitsplatzes

Vordergründig scheint dieser Vergleich nun die Einschätzung zu unterstützen, dass ein Thin Client keine signifikanten Einsparungen gegenüber einem PC ermöglicht. Jedoch greift eine Gegenüberstellung allein der Beschaffungskosten definitiv zu kurz. Denn eine vollständige Wirtschaftlichkeitsbetrachtung umfasst den kompletten Lebenszyklus eines Gerätes und somit sämtliche Geschäftsprozesse und Personalkosten, die mit Beschaffung, Inbetriebnahme, Betrieb, Außerbetriebnahme und Entsorgung einhergehen.

7.3 Geschäftsprozesse

Die umfassende Wirtschaftlichkeitsbetrachtung eines Einsatzszenarios wird aber keine allgemeingültige Entscheidung pro oder contra Server Based Computing zulassen. Vielmehr müssen die Rahmenbedingungen einer konkreten Projektsituation im Einzelfall bewertet werden und dazu zahlreiche Parameter bekannt sein, so beispielsweise die geplante Nutzungsdauer der Endgeräte, die Arbeitszeit pro Monat, die an den relevanten Prozessen beteiligte Mitarbeitergruppen und das jeweilige Durchschnittsgehalt dieser Mitarbeitergruppen. Zusammen mit diesen Informationen ist eine granulare Erfassung sämtlicher Geschäftsprozesse über den Lebenszyklus der Geräte erforderlich.

Im Rahmen der exemplarischen Wirtschaftlichkeitsbetrachtung [UMSICHT, 2008-1] werden sämtliche entsprechenden Prozesse abgebildet, begonnen bei der Erstbeschaffung und später unter Umständen nötigen Ersatz- und Ergänzungsbeschaffungen mit den Teilschritten der Konfiguration, Bestellabwicklung, Erstinstallation, Bereitstellung beim Anwender.

In der Betriebsphase sind Aufgaben wie die Installation von Sicherheitsupdates, Service Packs und neuen Software-Versionen, der Umzug von Arbeitsplätzen mit Abbau, Transport und Aufbau von Geräten und nicht planbare Eingriffe beim Defekt von Komponenten zu berücksichtigen. Schließlich endet der Lebenszyklus der Geräte mit der Abholung beim Anwender, Datensicherung oder datenschutzkonformer Löschung, Verschrottung und Pflege von Inventarlisten.

Diese Vielzahl von Tätigkeiten unterstreicht umsomehr, dass die im Bezug zu einem Arbeitsplatz stehenden Arbeitskosten mit in dessen wirtschaftliche Bewertung einfließen müssen, zumal oft ein Ereignis Arbeitszeit mehrerer Mitarbeitergruppen gleichzeitig beansprucht. Fällt beispielsweise die Festplatte eines PC aus, so verursacht dies nicht nur Kosten auf Seiten der IT-Abteilung, die mit der Reparatur des Defektes betraut ist, sondern auch auf Seiten des Anwenders, der in seinem Arbeitsfluss gestört wird und für die Zeit der Reparatur oder bis zur Bereitstellung eines Ersatzgerätes nicht arbeiten kann.

In Abgrenzung dazu sollten nur jene Kosten berücksichtigt werden, die im direkten Zusammenhang mit dem jeweiligen Betriebsmodell stehen. Relevant in diesem Sinne sind beispielsweise die Hardwarekosten oder die individuellen Supportkosten eines Arbeitsplatzes, nicht hingegen die Kosten für Netzwerkinfrastruktur oder den Betrieb von Mail- oder Datenbankservern, die beim Betrieb von PC und Thin Clients gleichermaßen benötigt werden.

7.4 Gesamtkosten = Total Cost of Ownership

Im Kontext des Kostenmodells [UMSICHT, 2008-1] ergeben sich über eine Lebensdauer von fünf Jahren Gesamtkosten von 2.339,49 € pro Desktop-PC bezogen auf eine Gesamtzahl von 175 Clients. Bei der Implementierung von Server Based Computing und Thin Clients sinken diese Kosten auf 1.587,35 € wiederum unter der Maßgabe, dass 175 Arbeitplätze zu unterstützen sind und die Hardware fünf Jahre eingesetzt wird. Dabei entwickeln sich die anteiligen Kosten der Server-Infrastruktur degressiv, je mehr Clients eingesetzt werden (Tabelle 7-1).

Die Annahme einer identischen Nutzungsdauer von fünf Jahren dient insbesondere der besseren Vergleichbarkeit. Tendenziell ist davon auszugehen, dass eine kürzere Nutzungszeit von drei bis vier Jahren bei PC wahrscheinlicher ist, während die Nutzungszeit von Thin Clients auf Grund ihrer Unabhängigkeit von aktuellen Hardwareanforderungen der eingesetzten Softwarepakete einerseits und der geringen Ausfallhäufigkeit auf Grund fehlender mechanischer Verschleißteile anderseits, deutlich länger ist. Der identische Wert dient lediglich als kalkulatorische Größe, um die Betriebsmodelle vergleichbar zu machen.

Tabelle 7-1: Kosten pro Client ohne Reserve Terminal Server

Anzahl Clients	Desktop PC	Thin Client	Ersparnis
35	2.728,55 €	1.587,35 €	41,82%
70	2.485,39 €	1.587,35 €	36,13%
105	2.404,33 €	1.587,35 €	33,98%
140	2.363,81 €	1.587,35 €	32,85%
175	2.339,49 €	1.587,35 €	32,15%
210	2.323,28 €	1.587,35 €	31,68%
245	2.311,70 €	1.587,35 €	31,33%
280	2.303,02 €	1.587,35 €	31,08%
315	2.296,26 €	1.587,35 €	30,87%
350	2.290,86 €	1.587,35 €	30,71%

In die Gegenüberstellung sind sowohl die Anschaffungs- als auch die Betriebskosten eingeflossen. Mit dem Betriebsmodell des Server Based Computing lassen sich somit 31 bis 42% der Kosten pro Arbeitsplatz einsparen. Die konkrete Ersparnis hängt dabei von der Anzahl an Clients ab. Da die Thin Clients Serverressourcen gemeinsam benutzen, werden die Fixkosten pro Server anteilig auf alle Clients umgelegt mit der Konsequenz, dass der einzelne Arbeitsplatz günstiger wird, je mehr Thin Clients eingesetzt werden. Allerdings lassen sich auf einem Terminal Server nur eine bestimmte Anzahl von Clients bedienen. Sollen mehr Benutzer auf Terminaldienste zugreifen, so ist die Anschaffung zusätzlicher Server und somit die Entstehung sprungfixer Kosten unumgänglich.

Wird ein zusätzlicher Reserve-Server einkalkuliert, um kurzfristig den Ausfall eines Servers kompensieren und auch im laufenden Betrieb einen einzelnen Server zu Wartungszwecken abschalten zu können, so fallen höhere Kosten pro Client an, die sich aber mit steigender Anzahl an Endgeräten ebenso degressiv entwickeln (Tabelle 7-2).

Tabelle 7-2: Kosten pro Client mit Reserve Terminal Server

Anzahl Clients	Desktop PC	Thin Client	Ersparnis
35	2.728,55 €	2.089,51 €	23,42%
70	2.485,39 €	1.838,43 €	26,03%
105	2.404,33 €	1.754,74 €	27,02%
140	2.363,81 €	1.712,89 €	27,54%
175	2.339,49 €	1.687,78 €	27,86%
210	2.323,28 €	1.671,04 €	28,07%
245	2.311,70 €	1.659,09 €	28,23%
280	2.303,02 €	1.650,12 €	28,35%
315	2.296,26 €	1.643,14 €	28,44%
350	2.290,86 €	1.637,56 €	28,52%

Mit diesem praxisnäheren Rechenmodell ergibt sich mit dem Einsatz von Thin Clients ein Einsparpotential von 23 bis 29% gegenüber einer klassischen Client-/ Server-Infrastruktur.

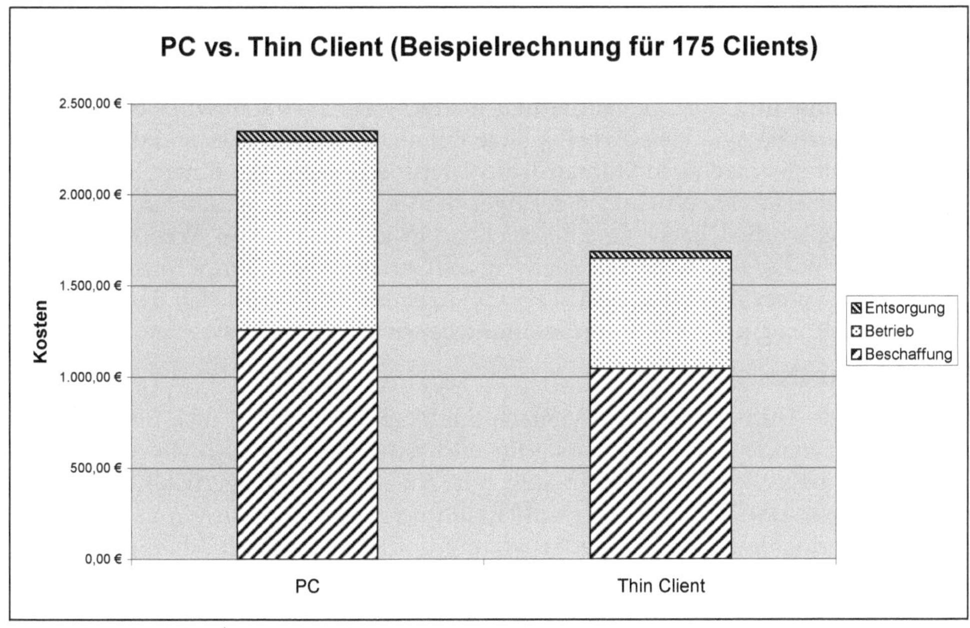

Abbildung 7-5: Gegenüberstellung von PC und Thin Client

Ist der Thin Client unter Berücksichtigung sämtlicher Geschäftsprozesse bereits in der Anschaffung günstiger, so entfällt das größte Einsparungspotenzial auf die Betriebsphase (Abbildung 7-5).

7.5 Empfehlungen

Die vorangegangenen Überlegungen zur Wirtschaftlichkeit von Server Based Computing Infrastrukturen wurde unter Zuhilfenahme verschiedener Annahmen entwickelt. Die Annahmen betreffen die verwendeten Rechengrößen wie Preise und Personalkosten oder Häufigkeit und Dauer bestimmter Geschäftsprozesse. Beim Übertrag auf andere Projektsituationen sind die zugrunde liegenden Rahmenbedingungen entsprechend neu zu bewerten. Die Frage der Durchführbarkeit betrifft insbesondere die folgenden Detailaspekte:

- Sind die angenommen Personalkosten auf die Projektsituation anwendbar?
- Sind die Beschaffungspreise für Hardware und Software noch aktuell?
- Sind die organisatorischen Abläufe im geplanten Projekt ähnlich zu denen im Rechenmodell oder sind sie komplett anders?
- Sind die Anwender vorwiegend mobil und daher mit Notebooks ausgestattet oder werden überwiegend normale Arbeitsplatz PC verwendet?

Das Berechnungsmodell kann somit keine allgemeingültige Aussage liefern, sonder nur als Rahmenwerkdienen, um fallweise eigene Betrachtungen anzustellen. Den größten Nutzen kann Server Based Computing dabei in der Praxis in Verbindung mit standardisierten Arbeitsplätzen und beim Einsatz von Thin Clients erzielen. Dieser Nutzen schlägt sich neben geringeren Kosten auch in Aspekten der Arbeitsergonomie und der Datensicherheit nieder. Jeder IT-Verantwortliche sollte entsprechend prüfen, wie viele Arbeitsplätze mit einem fest definierten Funktionsumfang und einigen, wenigen Standardsoftwareprodukten auskommen. Je homogener die einzusetzende Software, je geringer die Vielfalt der eingesetzten Produkte, desto größer ist die Chance eine ausreichend große Anzahl von Arbeitsplätzen zu identifizieren, die durch eine Umstellung auf Server Based Computing profitieren können. Ab einer Anzahl von ca. 40 bis 50 Arbeitsplätzen wird sich der Einsatz von SBC mittelfristig positiv auf die Gesamtkostenentwicklung auswirken.

Anwender einbeziehen

Der Einsatz von Thin Clients stößt vielfach auf Skepsis, teilweise auch offene Ablehnung. Die Gründe dafür sind vielfältig und teilweise rational nicht nachvollziehbar. Mitarbeiter, deren Arbeitsplätze mit Thin Clients ausgerüstet werden, betrachten diese Arbeitsplätze als zweitklassig und reflektieren dies in vielen Fällen als eine geringere Form der Wertschätzung und ihrer hierarchischen Position. Häufig gebrauchte Argumente gegen Thin Clients, sind die tatsächliche oder nur vorgeschobene Notwendigkeit zum Datenaustausch mit lokalen Datenträgern, sei es über CD/DVD-Laufwerke oder Disketten. Weiterhin wird oft das Argument ins

Feld geführt, dass der Schaden durch den Arbeitsausfall, falls die Terminal Server Infrastruktur einmal komplett ausfallen sollte, verglichen mit dem Ausfall einzelner PC besonders groß sei. Allen Argumenten kann mit technischen Lösungen und entsprechenden Konzepten begegnet werden. Wichtig aber ist in diesem Zusammenhang sich im Vorfeld aktiv mit den häufigsten Gegenargumenten auseinander zu setzen, Lösungen vorzubereiten und die Mitarbeiter proaktiv zu informieren.

Ebenfalls wichtig ist es, dafür Sorge zu tragen, dass weder die Einführung noch der spätere Betrieb der Terminalserver oder Thin Clients Anlass gibt, mögliche Vorurteile aus dem Vorfeld der Einführung bestätigt zu finden. Es muss ein positives Gesamtklima geschaffen werden, dass den betroffenen Mitarbeitern erlaubt, sich vorurteilsfrei und unvorbelastet mit dem Thema Server Based Computing zu beschäftigen. Wichtige Aspekte hierzu sind die Verfügbarkeit und das Antwortzeitverhalten der Terminalserver. Diese sind sehr kritische Faktoren, denn Beeinträchtigungen führen sehr schnell zur Ablehnung. Deshalb müssen die Server ausreichend dimensioniert sein, um den zu erwartenden Lastanforderungen gerecht zu werden. Dies ist insbesondere beim Pilotbetrieb einer neuen Terminal Server Infrastruktur essentiell, da eine erste Gruppe von Pilotanwendern durch ihr frühes Urteil maßgeblich Einfluss auf die Einstellung anderer Mitarbeiter haben kann. Mit zu klein ausgelegten oder zu wenigen Servern in den Betrieb zu starten und dann bei Bedarf aufzurüsten, mag zwar in vielen Fällen eine sinnvolle oder aus Kostengründen gebotene Strategie sein, ist aber aus den genannten anwenderbezogenen Gründen bei der Einführung von Thin Clients unbedingt zu vermeiden.

Dass es möglich ist, Anwender durch eine überlegene Performance der Terminalserver auch gegenüber dem lokalen Desktop PC regelrecht zu begeistern, haben einzelne Projekte schon erfolgreich unter Beweis gestellt. Aber es gibt auch andere Möglichkeiten. Beispielsweise könnte die Benutzung moderner oder exklusiver Softwarepakete wie die neueste Officeversion oder Fachlexika ausschließlich oder wenigstens signifikant früher über Terminalserver angeboten werden. Eine weitere Alternative ist die Koppelung von Thin Clients mit anderen Komponenten z. B. einem größeren Flachbildschirm oder externen DVD-Laufwerken, um dem Problem des lokalen Datenaustausches zu begegnen. So wird bei entsprechender Planung die Implementierung von Thin Clients nicht nur wirtschaftlich sondern auch bezogen auf die Akzeptanz der Endanwender ein Erfolg.

8 Ökologische Aspekte von Thin Clients

Von Christian Knermann

Christian Knermann ist stellv. Leiter des IT Managemenst des Fraunhofer-Institut für Umwelt-, Sicherheits- und Energietechnik UMSICHT in Oberhausen

8.1 Einleitung

Hersteller von IT-Technologie haben angesichts der Debatte um Klimaschutz und Nachhaltigkeit erkannt, dass für Endkunden, ob privat oder gewerblich, auch ökologische Gesichtspunkte beim Kauf von PC, Laptop oder Netzwerkgeräten eine immer größere Rolle spielen und Energie- oder Ökoeffizienz der Geräte kaufentscheidend wirken können. Betrachtet und bewertet wurden bislang aber hauptsächlich isolierte Einzelaspekte, wie der Energieverbrauch in der Nutzungsphase oder der Einsatz toxikologisch unbedenklicher Stoffe. Was fehlt, ist eine ganzheitliche Ausrichtung auf Nachhaltigkeit über die Lebensphasen Produktion, Nutzung sowie Recyling/Entsorgung.

Unter nachhaltiger Ausrichtung wird dabei eine Entwicklung verstanden, welche die Bedürfnisse der heutigen Generation befriedigt, ohne die Möglichkeit zukünftiger Generationen zu gefährden, ihren Bedürfnisse nach eigenem Ermessen nachgehen zu können. Dabei fällt der Blick mehr und mehr auch auf den IT-Sektor, der mit weiter wachsender Geschwindigkeit Einzug in fast alle Lebensbereiche hält und auf dem schon seit langer Zeit Hoffnungen zur Dematerialisierung der Industriegesellschaften ruhen.

Vor diesem Hintergrund hat das Fraunhofer-Institut für Umwelt-, Sicherheits- und Energietechnik UMSICHT in Oberhausen auf Initiative des Thin Client Herstellers IGEL Technology GmbH hin im Rahmen einer umfassenden Ökobilanz [UMSICHT, 2008-2] PC und Thin Client Arbeitsplatzgeräte auf ihre Klimarelevanz untersucht. Als Vergleichsbasis werden vor allem Erkenntnisse herangezogen, die sich aus dem EU-Bericht „Lot 3 Personal Computers (desktops and laptops) and Computer Monitors - Final Report (Task 1-8)“ [IVF, 2007] ergeben haben. Dabei wird auf Basis der verbesserten Datenbasis insbesondere die Material- und Energieintensität über den Lebenszyklus der Geräte verglichen.

8.2 Methodik

Zur Bewertung der Umweltauswirkungen einer PC- und einer Thin Client-gestützten Versorgung eines Anwenders mit IT-Dienstleistungen wurde der Produktlebenszyklus in die Produktions-, Herstellung- und Distributionsphase, die Nutzungsphase sowie die Entsorgungsphase unterteilt. Für diese Phasen wurden jeweils pro Gerätetyp relevante Kennzahlen erhoben. Dazu wurde auf Daten aus dem EU-Bericht zurückgegriffen. Zusätzlich wurden Daten zur Betriebsphase zur Sicherstellung der Vergleichbarkeit messtechnisch erhoben. Berücksichtigt sind bezogen auf die Inhaltsstoffe die durchschnittlichen Zusammensetzungen der jeweiligen Gerätetypen, unterteilt nach Kategorien (z. B. eisenhaltig, Kunststoff, elektronische Bauteile, Papier etc.) und nach dem der Kategorie entsprechenden Material (z.B. ABS[1], LDPE, PC).

8.2.1 Produktion, Herstellung, Distribution

Zur Herstellung dieser Materialien müssen Energie und Rohstoffe eingesetzt werden und es werden Emissionen frei. In diesem Zusammenhang wurden die folgenden Größen erfasst:

- Primärenergieverbrauch (gross energy requirement GER) in MJ.
- Wasserverbrauch in Litern, unterteilt in die Menge an Wasser für die Verfahren und in Wasser für Kühlungszwecke.
- Abfallmenge in g unterteilt in gefährliche und nicht gefährliche Abfälle.
- Emissionen in die Luft, unter anderem klassifiziert in GWP (Global Warming Potential) = Treibhausgaspotenzial (gemessen in CO_2-Äquivalenten), AD (Acidifiing Potential) = Versauerungspotenzial (gemessen in SO_2-Äquivalenten) und PM (Particulate Matter) = Feinstaub (gemessen in g).
- Emissionen ins Wasser unterteilt nach Eutrophierungspotenzial (gemessen in PO_4-Äquivalenten) und Emissionen von Metallen (gemessen in mg Quecksilber-Äquivalenten).

Der Begriff „gefährlicher Abfall" (in Deutschland früher insbesondere überwachungsbedürftiger Abfall) ist durch die EU geprägt. Die gefährlichen Abfälle sind im europäischen Abfallverzeichnis mit einem Stern gekennzeichnet. Für sie müssen in Europa spezielle Nachweise (z. B. beim Transport) geführt werden.

Für die Desktop-PCs liefert der EU-Bericht Durchschnittswerte für *einen Standard-PC*. Dazu wurden in anonymisierter Form Daten von allen am Markt relevanten Herstellern und deren meist verkauften Geräten erhoben und zu Mittelwerten zusammengeführt, die den durchschnittlichen PC in der EU charakterisieren.

---

[1] Dies entspricht Kunststoffarten: ABS = Acrylnitrilbutadienstyrol, PC = Polycarbonat, LDPE = Low Density Polyethylen

Diesem durchschnittlichen PC wurden exemplarisch die Daten eines Thin Client Typs, des IGEL 3210 LX Compact, gegenübergestellt, die zuvor über das durch den EU-Bericht vorgegebene Verfahren erhoben worden waren. Grundlage hierfür bildet die Methodik MEEUP (Methodology Study Eco-Design of Energy-using Products) [MEEUP, 2005], die Materialkategorien als Eingabe erwartet und daraus automatisiert über Standarddatensätze die Umweltbelastung der einzelnen Materialien errechnet.

Für Server-Systeme waren solche Daten zur Produktion leider nicht verfügbar. Um für einen Thin Client den nötigen Server anteilig berechnen zu können, wurde daher die Zusammensetzung eines Desktop-PC herangezogen und mit dem Faktor 1,5 in die Berechnung übernommen. Der Faktor 1,5 leitet sich aus dem Gewichtsvergleich eines Servers (ca. 16 kg) mit einem Standard-PC (8,5-12,9 kg) ab. Die so ermittelten Werte wurden dann mit dem Faktor 1/35 (vgl. Kapitel 7.1.3) anteilig auf den Thin Client verrechnet.

8.2.2 Betriebsphase

Bei der Bewertung der Betriebsphase wurde der Schwerpunkt auf den Energiebedarf gelegt. Maßgeblich hierfür ist die Leistungsaufnahme, konkret die aufgenommene Wirkleistung. Diese wurde an Hand der Vorgaben anderer Studien recherchiert, aber ebenso durch Messungen im produktiven Betrieb verifiziert. Basierend auf den nach deutschem Strommix zu erwartenden Emissionen von CO_2-Äquivalenten (CO_2eq) wurden daraufhin die Umweltauswirkungen berechnet. Diese liegen bei der Bereitstellung einer kWh_{el} im deutschen Strommix bei 0,61 kg CO_2eq (davon sind 0,58 kg CO_2) [GEMIS, 2008].

Desktop-PC

Mehrere Desktop-PC wurden exemplarisch jeweils über mehrere Zeiträume von je 24 Stunden gemessen, während Endanwender über 8-9 Stunden ihre übliche Arbeit verrichteten. Außerhalb der Arbeitszeit wurden die folgenden Fälle unterschieden:

- Betrieb/»Idle«: Der PC wurde zum Feierabend nicht abgeschaltet und lief ohne Last über Nacht weiter.
- Aus/»Soft-Off«: Das System wurde zum Feierabend heruntergefahren und die Leistungsaufnahme im »Soft-Off« Zustand wurde gemessen.

Der Fall, dass der PC nicht abgeschaltet wird, wurde berücksichtigt, da insbesondere „Power User" dazu tendieren, ihren PC permanent im eingeschalteten Zustand zu belassen. Konkrete Angaben dazu, wie viele Systeme nicht ausgeschaltet werden und keine Powermanagement-Funktionen nutzen, variieren. Der EU-Report führt Quellen an, nach denen im kommerziellen Umfeld nur sechs bis 25 Prozent der Computer Powermanagement nutzen, während in privaten Haushalten nur drei Prozent regelmäßig bei Inaktivität in den Ruhezustand versetzt werden (vgl. [IVF, 2007], S. 94f).

Die britische Umweltorganisation Global Action Plan geht in einer Studie [GAP, 2007] davon aus, dass schätzungsweise 30% der Büro-PC in Großbritannien kontinuierlich nicht abgeschaltet werden – ein Wert, der in anderen Industrienationen ähnlich hoch sein dürfte. Für die USA hat die Umweltbehörde EPA ermittelt, dass dort sogar annähernd 60% der Desktops auch nachts nicht ausgeschaltet werden [Lüke, 2007]. Im Rahmen des Berechnungsmodells wurde entsprechend ein konservativer Ansatz gewählt und kalkuliert, dass aktuell ein Drittel der PC kontinuierlich betrieben wird.

Thin Clients und Terminal Server

Mehrere Thin Clients wurden exemplarisch jeweils über mehrere Zeiträume von je 24 Stunden gemessen, während Endanwender über 8-9 Stunden ihre übliche Arbeit verrichteten. Dabei wurde grundsätzlich der Thin Client am Ende des Tages ausgeschaltet. Denn Anwender, auch „Power User“, haben keine Veranlassung, ihren Thin Client über Nacht nicht auszuschalten. Während der Client abgeschaltet ist, wird die Session auf dem Server gehalten und kann am nächsten Tag mit minimalem Zeitaufwand wieder verbunden werden. Alle am Vortag geöffneten Programme können sofort weiter genutzt werden.

Zudem wurde einer der produktiven Terminal Server über mehrere Zeiträume von jeweils 24 Stunden gemessen. Dabei wurden die folgenden Fälle unterschieden.

- Arbeitstag: Die Leistungsaufnahme des Servers wurde im Arbeitsalltag von Fraunhofer UMSICHT gemessen, während Benutzer ihre übliche Arbeit verrichten und der Server anschließend über Nacht ohne Last weiterläuft.
- Freier Tag: Die Leistungsaufnahme des Servers wurde am Wochenende gemessen, um zu ermitteln, wie viel Strom der Server ohne Last verbraucht.

Der Stromverbrauch des Servers wurde anschließend anteilig auf die Clients umgelegt.

8.3 Ergebnisse

In der Auswertung wurde der Schwerpunkt auf die Treibhausgasrelevanz der IT-Komponenten gelegt und das GWP (Global Warming Potential) betrachtet. In allen Phasen des Produktlebenskzyklus zeigt sich dabei, dass sich der Einsatz einer Server Based Computing Infrastruktur basierend auf Thin Clients auch bei anteiliger Verrechnung des Terminal Servers auf die Clients in geringeren Emissionen von CO_2-Äquivalenten niederschlägt (Tabelle 8-1).

Tabelle 8-1: Treibhausgaspotenzial (GWP) in kg CO_2eq für Desktop-PC und Thin Client

	Desktop-PC	Thin Client	Thin Client + Serveranteil	Differenz
Herstellungsphase	117,33	37,33	42,36	-64%
Produktionsphase	21,04	4,12	5,02	-76%
Distributionsphase	25,25	8,65	14,86	-41%
Betriebsphase	1.048,38	135,63	492,9	-53%
Entsorgungsphase	-1,26	-0,73	-0,78	+38%
Summe:	**1.210,74**	**185,00**	**554,36**	**-54%**

Eine Besonderheit bildet hierbei lediglich die Bewertung von Entsorgung und Recycling. Zwar erfordert auch das Recycling den Einsatz von Energie, da aber durch die Wiederverwendung gegebenen Materials Rohstoffe und Energie zurückgewonnen werden können, schlägt sich dies in der Summe in einer *Gutschrift* nieder, die entsprechend in der Tabelle als negativer Wert und somit als Einsparung von Emissionen erfasst ist. Da ein Thin Client weniger materialintensiv als ein Desktop-PC ist, fällt die Gutschrift für den Thin Client entsprechend geringer aus. Die Gutschrift in der Entsorgungsphase umfasst zudem lediglich die Verwertung von Kunststoffen und Elektronik, während Gutschriften für Metalle und andere Fraktionen werden bereits in der Produktionsphase berücksichtigt sind.

8.4 Interpretation der Ergebnisse

Wird ein Desktop-PC durch einen Thin Client inklusive Terminal Server ersetzt, so sinken die CO_2eq-Emissionen des Arbeitsplatzsystems über den kompletten Lebenszyklus um über 54% (Abbildung 8-1).

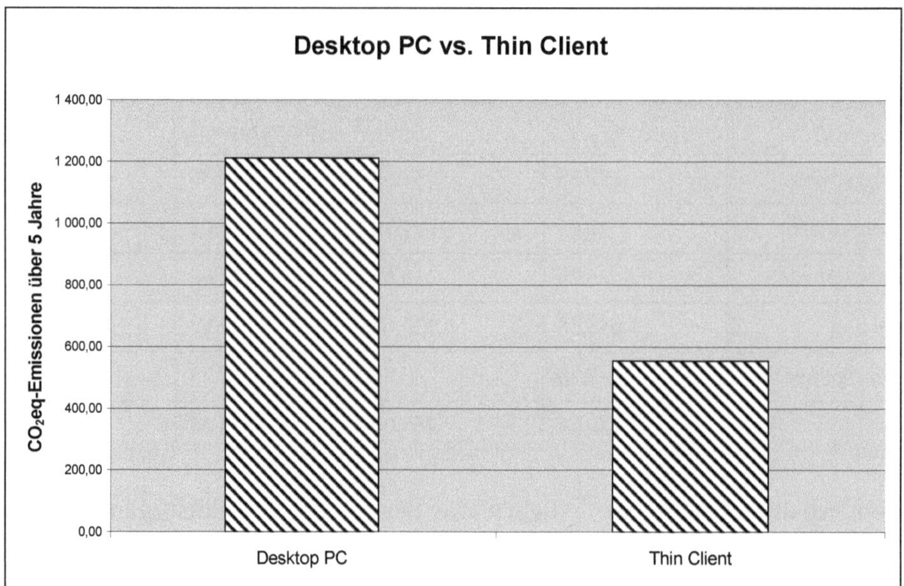

Abbildung 8-1: Desktop PC vs. Thin Client, CO_2eq-Emissionen über fünf Jahre

Bezogen auf ein komplettes Arbeitsplatzsystem bestehend aus Client und TFT-Monitor beträgt das Einsparpotenzial 44% (Abbildung 8-2).

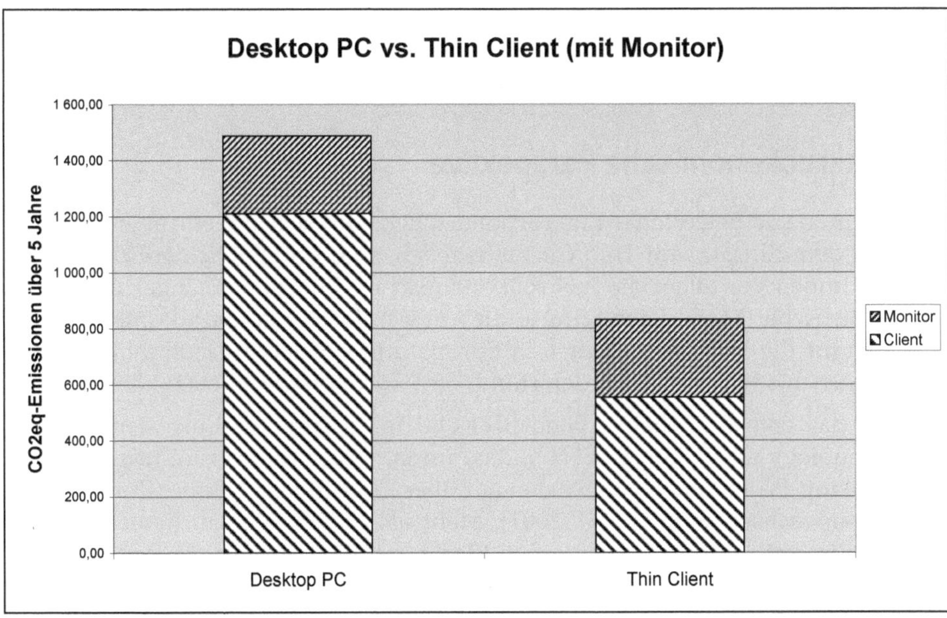

Abbildung 8-2: Desktop PC vs. Thin Client (inkl. Monitor), CO_2eq-Emissionen über fünf Jahre

8.4.1 Beispielberechnung: KMU

Bezogen auf den Einsatz in einem kleinen bis mittelständischen Unternehmen mit 300 Arbeitsplätzen spart der Einsatz von Thin Clients über eine fünfjährige Nutzungsphase Emissionen von über *148 t CO_2eq*, wenn 75 % der Arbeitsplätze im Unternehmen auf Thin Clients umgestellt werden können.

Ein Auto vom Typ eines VW Golf[2] könnte entsprechend dieser Menge eine Distanz von mehr als *1.093.000 km* zurücklegen und somit 27 Mal die Erde umrunden.

8.4.2 Beispielberechnung: Großes Unternehmen

Interpoliert auf das Einsparpotenzial sei das Beispiel eines großen Unternehmens mit 10 000 zu unterstützenden Arbeitsplätzen angeführt. Könnten in einem solchen Umfeld an 75 % der Arbeitsplätze Thin Clients statt PC eingesetzt werden, so würde dies wiederum über eine fünfjährige Nutzungsphase betrachtet über *4.923 t CO_2eq* einsparen.

2 VW Golf 1.9 TDI, 90 PS, 135 g CO_2/km

Eine jährliche Fahrleistung von *20.000 km* vorausgesetzt könnte eine Flotte von *364 Fahrzeugen* des oben genannten Typs bezogen auf die CO_2eq-Emissionen *fünf Jahre* lang bewegt werden.

8.5 Die makroökonomische Perspektive

Neben den monetär bewerteten Einsparpotenzialen, die sich für einzelne Unternehmen aus dem Einsatz von Thin Clients ergeben, sind im Hinblick auf die Umweltauswirkungen vor allem die makroökonomischen Zusammenhänge relevant. Anhand statistischer Marktdaten wird in diesem Kapitel das Potenzial untersucht, welches sich für die Volkswirtschaften in Europa und speziell in Deutschland aus einer weitergehenden Verbreitung der Thin Client-Technologie ergeben könnte.

So erwartet das vom Branchenverband BITKOM mitgegründete European Information Technology Observatory (EITO), dass im Jahr 2008 die Anzahl neu ausgelieferter Desktop-PC in den EU-15 Staaten auf über 27 Millionen Geräte (Consumer + Business) anwachsen wird [EITO, 2007]. Mehr als fünf Millionen dieser Geräte werden voraussichtlich auf den deutschen Markt entfallen. Demgegenüber erwartet das Marktforschungsunternehmen IDC im Jahr 2008 lediglich einen Absatz von 3,3 Millionen Thin Clients weltweit, davon entfallen 1,1 Millionen Stück auf die Region »West-Europa«[3] [IDC, 2008]. Dies ist ein Anteil von lediglich 4,3% gemessen an der Menge der Desktop-PC.

Hierbei ist zu berücksichtigen, dass Thin Clients aktuell annähernd ausschließlich in Unternehmen zum Einsatz kommen, während die Mehrheit der PC von den privaten Haushalten bezogen wird. So waren im Jahr 2005 ca. 43% der Desktop-PC in Unternehmen im Einsatz. Dieser Anteil wird im Jahr 2008 voraussichtlich auf ca. 40% sinken (vgl. [IVF, 2007], S. 69).

Da aktuell auf Grund technischer Anforderungen nicht sämtliche PC im Unternehmenseinsatz durch Thin Clients substituiert werden können, sei konservativ angenommen, dass lediglich 75 % der für den Unternehmenseinsatz vorgesehenen Desktop-PC, entsprechend 30 % der insgesamt abgesetzten Menge, durch Thin Clients ersetzt werden können (Tabelle 8-2).

[3] Die Region »West-Europa« umfasst Norwegen, die Schweiz sowie die EU-15 Staaten.

Tabelle 8-2: Substitutionspotenzial nach Regionen

Region	Neue Desktop-PC	Anteil	Substitutionspotenzial im Unternehmensumfeld
EU-15	27,2 Mio.	30 %	8,2 Mio.
Deutschland	5,2 Mio.	30 %	1,6 Mio.

Daraus folgt, dass in den EU-15 Staaten mindestens 8,2 Millionen der in 2008 neu abgesetzten Desktop-PC durch Thin Clients ersetzt werden, in Deutschland 1,6 Millionen Geräte. Dies würde gemäß den in Kapitel 8.2 ermittelten Werten über eine fünfjährige Nutzungsphase der Geräte *5.382.000 t* CO_2*eq* in den EU-15 Staaten bzw. *1.050.000 t* CO_2*eq* in Deutschland einsparen[4] (Abbildung 8-3).

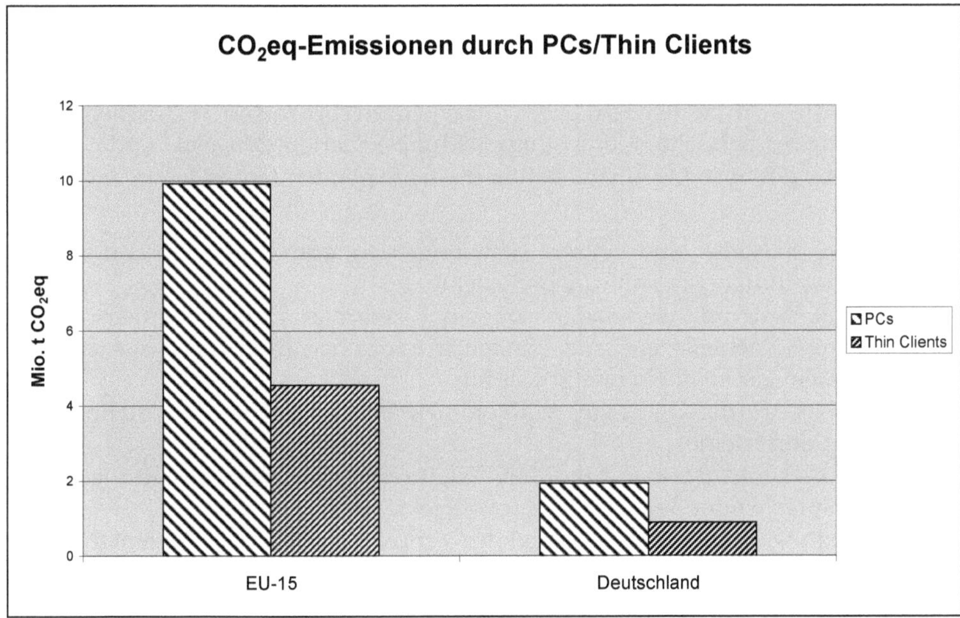

Abbildung 8-3: CO_2**eq-Emissionen durch PC/Thin Clients über 5 Jahre**

Weiteres Einsparpotenzial wird sich zukünftig daraus ergeben, dass zum einen der Funktionsumfang der Terminaldienste zunehmen wird und so weitere Anwendungsfälle durch klassischen Terminal Server Betrieb abgedeckt werden können.

4 Dieser Berechnung liegt der deutsche Strommix zu Grunde.

Zum anderen wird die verstärkte Einführung von Desktop-Virtualisierung zusätzliches Substitutionspotenzial erschließen.

8.6 Empfehlungen

Mit der Studie „Ökologischer Vergleich der Klimarelevanz von PC und Thin Client Arbeitsplatzgeräten 2008" konnte das vormals vorhandene Informationsdefizit hinsichtlich Material- und Energieverbrauch bei Produktion und Recycling/ Entsorgung der Clientsysteme weitestgehend behoben werden. Damit sind aus Sicht der Forschung wichtige Arbeiten für ein strategisches Nachhaltigkeits-Konzept für den Betrieb von Server Based Computing Infrastrukturen in Verbindung mit Thin Clients durchgeführt.

Als Fazit ist festzustellen: Aus ökologischer Sicht und auf Basis der hier getroffenen Annahmen schneiden die exemplarisch untersuchten Thin Client Systeme gegenüber PC-Systemen deutlich besser ab, potenziell bieten Notebook-Systeme darüber hinaus aber weitere ökologische Vorteile. Dabei wurde jedoch nur *ein* Entscheidungskriterium – das ökologische – berücksichtigt.

Nimmt man die – in wirtschaftlichen Entscheidungsprozessen wahrscheinlich sogar vorrangig zu betrachtenden – Entscheidungskriterien *Ökonomie* und *Sicherheit/Performance* des Systems hinzu, stellt sich aus folgenden Gründen ein anderes Bild dar:

- Notebook-Systeme sind teurer, schwieriger zu administrieren und wartungsaufwändiger als Thin Client-Systeme.
- Notebook-Systeme weisen in puncto „zentrale Datensicherheit und sicherung" Nachteile auf und können in einzelnen Branchen als Arbeitsplatzsystem gar nicht eingesetzt werden.
- Notebooks werden in Regel vollkommen anders genutzt als stationäre Arbeitsplatzsysteme.
- Notebooks sind aufgrund ihrer Mobilität, ihrer technischen Ausstattung und dementsprechender Begehrlichkeit oft Objekte unrechtmäßiger Entwendungen, womit in der Regel der Verlust sensibler oder geheimer Daten einher geht.

Im Spannungsfeld von Sicherheit, Ökonomie und Ökologie (Abbildung 8-4) kommen die Stärken der Thin Clients in der Gesamtheit zum Tragen, was dazu führt, dass sie unter Berücksichtigung aller drei Entscheidungskriterien das zu präferierende Endgerät darstellen.

Trotz dieser Vorteile ist die Wahrnehmung von Thin Clients in Beschaffungsprozessen von Unternehmen und öffentlichen Einrichtungen noch gering, woraus im Vergleich zu klassischen Client-/Server-Infrastrukturen noch kleine Marktanteile resultieren. Das „Image" von Thin Client-Systemen bei Entscheidern und Anwendern von IT-Systemen bleibt qualitativ und quantitativ hinter dem von PC und Notebook zurück. So ergab eine Umfrage [iX, 2008] der Fachzeitschrift iX im August 2008, dass von rund 470 Teilnehmern immerhin 16 Prozent den Begriff des Thin Clients nicht einordnen können und weitere 36 Prozent den Einsatz von Thin Clients nicht in Erwägung ziehen.

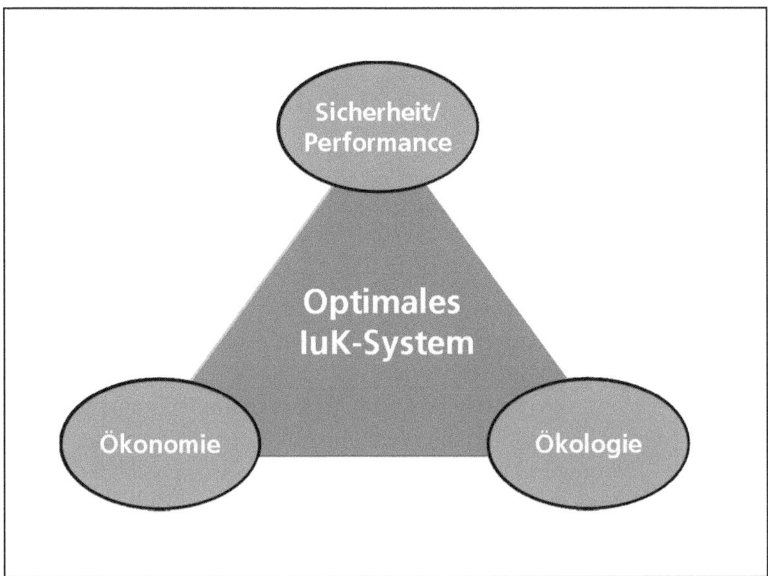

Abbildung 8-4: Entscheidungsdreieck für optimale IT-Systeme

Wenn aber der Fortschritt in Richtung von Green-IT-Zielen auch im öffentlichen, staatlich getragenen Interesse liegt, sollten Vereinbarungen zur Aufnahme von Thin Client Systemen in Beschaffungsleitfäden öffentlicher Einrichtungen getroffen werden. Damit würde der Staat seiner Vorbildrolle gerecht und könnte zugleich die breite Wahrnehmung der Thin Client Systeme als insgesamt zu präferierende IT-Lösung verbessern helfen. Eine Imagekampagne hingegen müsste im Marketing- und PR-Bereich ansetzen und von den Anbietern von Thin Client-Systemen selbst ausgehen.

Die Berechnungsergebnisse des ökologischen Vergleichs basieren auf plausiblen, aus dem praktischen Betrieb verifizierbaren Annahmen und Nutzerszenarien. Daraus resultiert ein Modell mit Parametern, die je nach Untersuchungsfall spezifisch angepasst werden können. Die Kenntnis des Einflusses einzelner Parameter auf die Ergebnisse wäre ein wichtiger Schritt, um die Belastbarkeit des ökologischen Vergleichs zu erhöhen.

Alle Untersuchungen der Studie beziehen sich auf ein exemplarisches Thin Client Modell. Die Ergebnisse des ökologischen Vergleichs sind daher nur für diesen Typ gültig und nicht beliebig verallgemeinerbar. Hier erscheint es sinnvoll, in Zusammenarbeit mit weiteren Herstellern zusätzlich andere Gerätetypen zu untersuchen, um so ein aussagekräftiges, belastbares Gesamtergebnis zu erhalten. Vor diesem Hintergrund lassen sich Handlungsempfehlungen für ein strategisches Nachhaltigkeitskonzept konkretisieren (Tabelle 8-4).

Tabelle 8-4: Handlungsempfehlungen für ein strategisches Nachhaltigkeitskonzept

Bereich	Empfehlungen konkreter Maßnahmen
Wahrnehmung und Verbreitung von Thin Clients	– Thin Client Systeme in Beschaffungsleitfäden platzieren – Modellprojekte mit öffentlichen Einrichtungen durchführen
Image	– Marketing-/PR-Kampagne zur Steigerung des Bekanntheitsgrades in breiteren Bevölkerungsschichten – Erläuterung des Thin Client-Konzepts auf allgemeinverständlichem Niveau
ökologische Optimierung der Thin Clients (mittelfristig)	– „Design for environment": Ersatz besonders umweltrelevanter Bauteile, Senkung des Materialeinsatzes – Energiesparende Voreinstellungen bei Thin Clients – Steigerung der Energieeffizienz über gesamten Lebenszyklus
ökologische Optimierung der gesamten IT-Infrastruktur (längerfristig)	– energiesparende Soft- und Hardwaresysteme für Netzwerke – Reduzierung der Anzahl an Netzwerkkomponenten – Reduzierung erforderlicher Kühlleistung in Rechenzentren
Forschung und Entwicklung	– Sensitivitätsanalyse für Modell zum ökologischen Vergleich der Thin Clients – Generische Untersuchung der am Markt verfügbaren Thin Client Systeme – Entwicklung größerer FuE-Vorhaben als „Leuchtturmprojekt" (national, EU-Ebene)

Teilweise wurden Maßnahmen dieses Katalogs bereits in die Praxis übertragen, sei es, indem die U.S Environmental Protetction Agency in der kommenden fünften Fassung ihrer Energy Star Richtlinie Thin Clients als eigenen Gerätetyp erfassen wird oder indem ganz konkret im Rahmen der Studie identifzierte besonders umweltrelevante Bauteile in aktuellen Modellreihen bereits nicht mehr zum Einsatz kommen. Auch Fördermittelgeber der deutschen Forschungslandschaft haben den Betrieb von Thin Clients und Server Based Computing als Schwerpunkt-Thema erkannt, so dass mit weiteren Fortschritten auf diesem Technologiesektor gerechnet werden kann. Denn mit zusätzlichen Innovationen wie dem Einsatz von 64-Bit Betriebssystemen oder der Virtualisierung von Servern, Desktops und Anwendungen wird es zukünftig möglich werden, dem Server Based Computing weitere Anwendungsbereiche zu erschliessen.

9 Einsparpotenziale von Thin Clients & Server Centric Computing auf nationaler und europäischer Ebene

Von PD Dr. Klaus Fichter und Dr. Jens Clausen

Klaus Fichter und Jens Clausen sind Gesellschafter des Borderstep Instituts für Innovation und Nachhaltigkeit gGmbH.

9.1 Einleitung

Das folgende Kapitel wirft zunächst einen Blick auf die Einsparpotenziale, die durch energieeffiziente Rechenzentren erschlossen werden können. Aufgrund der zur Zeit noch eingeschränkten Datenlage beschränkt sich diese Betrachtung auf Energieverbruch und -kosten. Da sich der Energie- und Ressourcenverbrauch des Thin Client & Server Centric Computing aus dem Endgerät Thin Client einerseits sowie zu einem Anteil aus dem Server andererseits zusammensetzt, hat auch die Effizienz des Servers bzw. Rechenzentrums Bedeutung für die Gesamteffizienz des Systems.

Im zweiten Abschnitt wird ein Blick auf mögliche Entwicklungen der Absatzzahlen von Thin Clients geworfen. Ausgehend davon werden Ressourceneffizienzpotenziale sowie Energieeinsparpotenziale durch Thin Client & Server Centric Computing abgeschätzt.

9.2 Einsparpotenziale in Rechenzentren

Nach Berechnungen des Borderstep Instituts liegt der Stromverbrauch von Servern und Rechenzentren in Deutschland in 2008 bei 10,1 TWh. Die damit verbundenen Stromkosten belaufen sich auf rund 1,1 Mrd. €, wobei die Berechnung auf Basis von BMWi (2007) erfolgte. Die Strompreise (ohne MwSt.) sind inflationsbereinigt und auf das Jahr 2000 indexiert. Bei der Berechnung wurde z.B. für 2008 von einem Strompreis von 0,11 €/KWh ausgegangen, was nach Einschätzung von Brachenexperten für Rechenzentren im Durchschnitt zu Grunde gelegt werden kann. Der Stromverbrauch entspricht einem Anteil am Gesamtstromverbrauch von rund

1,8% und bedeutet, dass in Deutschland vier mittelgroße Kohlekraftwerke ausschließlich für die Versorgung von Servern und Rechenzentren benötigt werden.

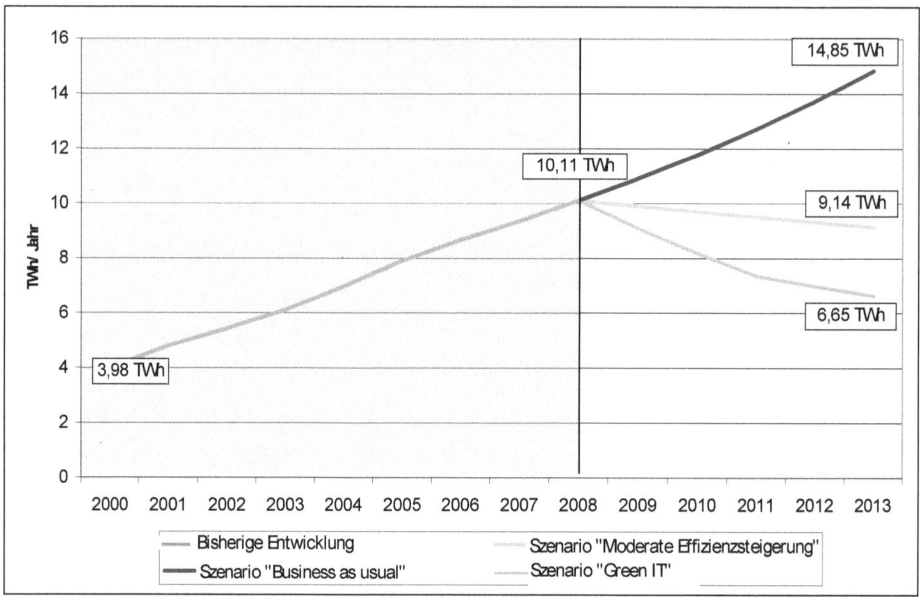

Abbildung 9-1: Entwicklung und Szenarien des Stromverbrauchs von Servern und Rechenzentren in Deutschland Quelle: Borderstep 2008

Bei der Frage, wie sich der Stromverbrauch von Servern und Rechenzentren in Deutschland entwickeln wird kann auf verschiedene Szenarien zurückgegriffen werden. Dabei soll die Betrachtung hier auf drei Szenarien beschränkt werden. Das Szenario „Business as usual" beschreibt den Fall, dass die bereits laufenden Effizienztrends (Servervirtualisierung etc.) sich fortsetzen, dass aber von Seiten der Politik, der IT-Hersteller und der Betreiber von Rechenzentren keine darüber hinaus gehenden Effizienzmaßnahmen ergriffen werden. In diesem Fall wird der Stromverbrauch deutscher Rechenzentren im Zeitraum von 2008 bis 2013 von 10,1 TWh auf 14,85 TWh ansteigen. Dies entspricht einer Zunahme des Stromverbrauchs von 47%. Die Stromkosten deutscher Rechenzentren verdoppeln sich in diesem Szenario bis 2013 auf 2,2 Mrd. €.

Werden dahingegen von Seiten der Wirtschaft und der Politik zusätzliche Effizienzsteigerungsmaßnahmen ergriffen und ein Teil der heute bereits verfügbaren Best-Practice-Lösungen zumindest bei rund der Hälfte aller Rechenzentren angewendet, so ließe sich eine Senkung des Stromverbrauchs von rund 10% erzielen.

Sollte dieses „Moderate Effizienzsteigerung"-Szenario eintreten, würde der Stromverbrauch deutscher Rechenzentren auf 9,14 TWh in 2013 sinken.

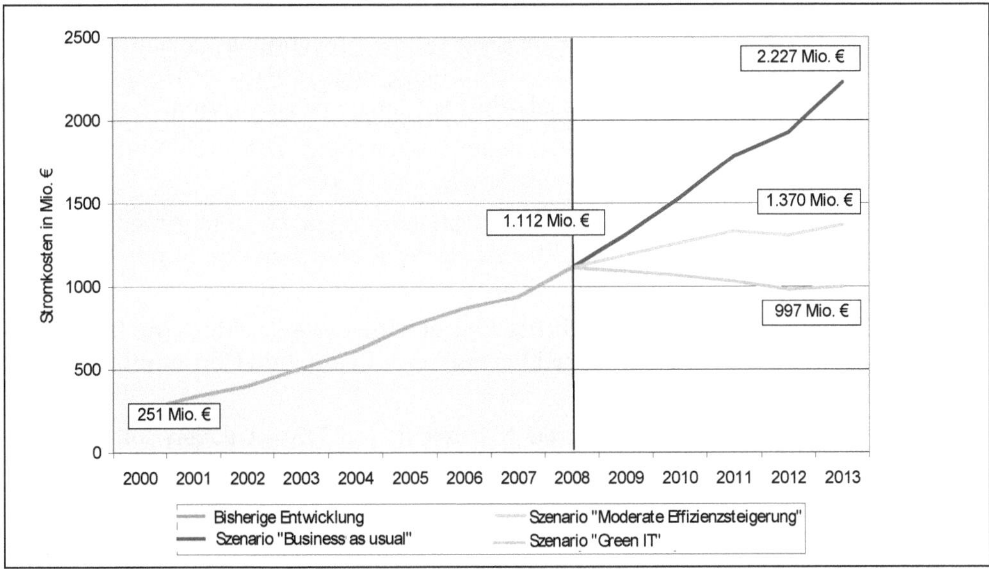

Abbildung 9-2: Entwicklung und Szenarien der Stromkosten von Servern und Rechenzentren in Deutschland Quelle: Borderstep 2008.

Geht man davon, dass die besten heute verfügbaren Energieeffizienz-Technologien und Lösungen durch massive Anstrengungen auf breiter Front, d.h. bei rund 90% aller Rechenzentren angewendet werden, so wird der Stromverbrauch durch Server und Rechenzentrumsinfrastruktur bis 2013 auf 6,65 TWh sinken. Im Falle dieses „Green IT"-Szenarios würde der Stromverbrauch von Rechenzentren trotz kontinuierlich steigender Rechen- und Speicherleistung innerhalb von nur fünf Jahren um fast 40% fallen. Im „Green IT"-Szenario würden sogar die Stromkosten bis 2013 auf 997 Mio. € sinken, und dies trotz weiterhin steigender Strompreise.

Die Unterschiede zwischen einem Business-as-usual und dem engagierten Ergreifen zusätzlicher Energieeffizienzmaßnahmen („Green IT"-Szenario) sind erheblich. Summiert man die Differenz zwischen beiden Zukunftsoptionen im Zeitraum von 2009 bis 2013 auf, so zeigt sich, dass die Betreiber von Servern und Rechenzentren in Deutschland innerhalb von nur fünf Jahren insgesamt 3,6 Mrd. Euro an Stromkosten einsparen könnten, wenn die heute bereits verfügbaren und von Vorreitern auch schon erfolgreich angewendeten Effizienzlösungen auf breiter Front umgesetzt würden.

Dabei ist eine Umsetzung von Effizienzlösungen in acht Dimensionen der Energieeffizienz erforderlich bzw. möglich:

1. Es ist ein Energiemanagement erforderlich, welches auf Basis eines kontinuierlichen Monitoring Verbesserungspotenziale systematisch abschätzt und erschließt. Auch eine Leistungsbezogene Abrechnung (anstatt Flatrates oder Abrechnung über Fixkostenumlage) gegenüber internen oder externen Kunden hat das Potenzial, die Verbräuche zu reduzieren.
2. Applikationen und Datenbestände sind regelmäßig auf ihren Nutzen zu überprüfen und ggf. abzuschalten bzw. zu löschen.
3. Überall wo möglich sollten gleiche Anwendungen an unterschiedlichen Standorten konsolidiert und die Auslastung von Servern durch Virtualisierung gesteigert werden.
4. Die IT-Hardware sollte möglichst Energieeffizient sein. Moderne Benchmarks wie die von der Standard Performance Evaluation Corporation sollten zum Einsatz kommen.
5. Die Stromversorgung mit ihren Netzteilen und USV-Anlagen sollte wo nötig modernisiert und auf hohe Wirkungsgrade gebracht werden.
6. Kühl- und Klimatisierungslösungen sind zu hinterfragen. Dies beginnt bei der Wahl der Betriebstemperaturen, denn hohe Ablufttemperaturen erhöhen die Arbeitszahlen der Kühlanlagen und machen u.U. sogar eine Nutzung der Abwärme zu Heizzwecken möglich. Aber auch die Wahl der Kälteerzeugungstechnologie ist bedeutend. Geothermische Kältegewinnung ermöglicht Arbeitszahlen bis zu 20 kWKälte/kWStrom und kann so erhebliche Beiträge zur Effizienz leisten. Zum Vergleich: Eine Kompressionsmaschine erzeugt im besten Fall ungefähr 4 kWKälte/kWStrom.
7. Aspekte der Gebäudeplanung sind so zu optimieren, dass z.B. Rückkühler im Schatten stehen, die sommerliche Wärmeeinstrahlung minimiert wird und eine integrierte Optimierung der Wärme- und Kältebedarfe des Gebäudekomplexes, ggf. unter Einbeziehung benachbarter Gebäude, erfolgt.
8. Die Beschaffung des Stroms kann aus regenerativen Quellen erfolgen. Dies erhöht zwar nicht die Effizienz, senkt aber die kalkulatorischen CO_2-Emissionen.

Nun sind Rechenzentren komplexe Systeme, in denen jede Änderung präzise geplant werden muss. Für die Rechenzentrumsverantwortlichen können dabei eine Reihe von Unterlagen hilfreich sein, die sich teilweise sehr detailliert mit Einzelaspekten energieeffizienter Rechenzentren auseinandersetzen. Hierzu gehören z.B.

der BITKOM-Leitfaden zur Effizienz-Analyse im Rechenzentrum1 als Hilfestellung dabei, sich ein erstes Bild der Situation im eignen Rechenzentrum zu machen. Einen Überblick über Best-Practice-Fälle energieeffizienter Rechenzentren bietet eine von Borderstep erarbeitete Broschüre des Bundesumweltministeriums2. Konkrete Beschreibungen möglicher Effizienztechnologien finden sich im BITKOM-Leitfaden zu Energieeffizienz im Rechenzentrum3.

9.3 Einsparpotenziale in allen Unternehmensgrößen erheblich

Betrachtet man den Energieverbrauch nach Unternehmens- bzw. Organisationsgrößenklassen, so mittleren Unternehmen und Verwaltungen mit bis zu zeigt sich, dass die kleinen und 249 Mitarbeitern rund 3,6 TWh im Jahr 2008 für den Betrieb ihrer Server und zentralen IT (inkl. Kühlung, Klimatisierung, USV etc.) benötigen. Damit sind Energiekosten in Höhe von 399 Mio. € verbunden.

Erfahrungen von Vorreitern und aus Best Practice-Beispielen zeigen, dass sich durch eine erste Energieanalyse und allein durch das Ergreifen einfacher Energiesparmaßnahmen im Schnitt mindestens 20% an Energie einsparen lassen. Geht man davon aus, dass dieses Potenzial in den kommenden Jahren durch Beratungs- und Förderprogramme von kleinen und mittleren Unternehmen und Verwaltungen erschlossen wird, so könnten im deutschen Mittelstand und bei kleineren Verwaltungen allein in den Jahren 2009 und 2010 insgesamt 204 Mio. € an Energiekosten eingespart werden. Geht man danach von weiteren Energieeffizienz-steigernden Maßnahmen aus („Green IT-Szenario", s.o.), so könnten im deutschen Mittelstand im Zeitraum 2009 bis 2013 rund 1,3 Mrd. € an Energiekosten bei Servern und Rechenzentren eingespart werden.

---

1 BITKOM (2008b): Energieeffizienz-Analysen in Rechenzentren, Messverfahren und Check-liste zur Durchführung, Online unter www.bitkom.org.

2 Bundesumweltministerium (2008): Energieeffiziente Rechenzentren. Best-Practice-Beispiele aus Europa, USA und Asien. Online verfügbar unter www.borderstep.de.

3 BITKOM (2008a): Energieeffizienz im Rechenzentrum. Ein Leitfaden zur Planung, zur Modernisierung und zum Betrieb von Rechenzentren. Online unter www.bitkom.org.

Tabelle 9-1: Energieverbrauch und Energieeinsparpotenziale bei Servern und Rechenzentren in Deutschland, Quelle: Borderstep 2008

Mitarbeiterklassen	Installierte Anzahl Server 2008[4]	Ø Jahresverbr. pro Server in kWh	Stromverbr. Server 2008 in TWh	Stromverbr. sonst. zentrale IT 2008 in TWh	Stromverbr. gesamt zentr. IT 2008 in TWh	Durchschnittl. PUE-Wert 2008	Gesamtenergieverbrauch Server und Rechenzentren 2008 in TWh	Energiekosten 2008 in Mio.	Energiekosteneinspar. 2009 + 2010 in Mio. (20% gegenüber BAU-Szenario)
1 bis 9	505.288	1.500	0,758	0,023	0,780	1,3	1,015	112	57
10 bis 19	210.815	1.800	0,379	0,019	0,398	1,5	0,598	66	34
20 bis 99	258.597	2.000	0,517	0,062	0,579	1,8	1,043	115	59
100 bis 199	141.961	2.000	0,284	0,057	0,340	2,1	0,715	79	40
200 bis 249	44.298	2.100	0,093	0,023	0,116	2,2	0,255	28	14
250 bis 499	132.894	2.100	0,279	0,084	0,363	2,2	0,798	88	45
500 bis 999	161.958	2.100	0,340	0,102	0,442	2,2	0,973	107	55
1000 und mehr	720.812	2.200	1,586	0,555	2,141	2,2	4,709	518	265
Gesamt	**2.176.624**		**4,236**	**0,925**	**5,161**		**10,107**	**1.112 €**	**568**

Durch die Optimierung der Rechenzentren werden einerseits wesentliche Kostensenkungspotenziale erschlossen. Andererseits wird dadurch langfristig die ökologische Bilanz serverzentrierter Systeme verbessert und so die Grundlage für deren gesellschaftliche Akzeptanz gelegt.

9.4 Einsparpotenziale des Thin Client Computing

Die ökologischen und ökonomischen Vorteile von Thin client Arbeitsplatzgeräten gegenüber vergleichbaren PC-Nutzungen wurden bereits in den Kapiteln 6 und 7 dargestellt.

Schwerpunkt des folgenden Abschnittes ist die Abschätzung der Ressourcen- und Energieeffizienzpotenziale des Thin Client & Server Centric Computing auf gesamtwirtschaftlicher Ebene. Diese wird im Folgenden vorgestellt.

[4] Berechnung Borderstep auf Basis von TechConsult 2008.

Für die Abschätzung der Umweltentlastungswirkungen wurden die folgenden Annahmen getroffen:

- Das Gewicht eines PC wird gegenwärtig auf ca. 10 kg veranschlagt, das eines Thin Client-Gerätes (TC) auf 2,5 kg, woraus sich gegenwärtig ein Gewichtsvorteil des TC von 7,5 kg ergibt. Davon ausgehend, dass PCs in Zukunft materialsparender gebaut werden, aber auch Thin Clients materialsparender gebaut werden dürften, nimmt die Abschätzung an, dass der Gewichtsvorteil von 7,5 kg in 2008 auf 4,5 kg in 2020 abnimmt.
- Der Energieverbrauch eines PC wird von Fraunhofer UMSICHT (2008) auf ca. 340 kWh/a veranschlagt, der einer TC-Server-Kombination auf ca. 160 kWh/a. Daraus ergibt sich gegenwärtig ein Minderverbrauch von Thin Client & Server Based Computing von 180 kWh/a. Davon ausgehend, dass auch PCs in Zukunft energiesparender gebaut werden, geht die folgende Abschätzung davon aus, dass der Verbrauchsvorteil von 180 kWh/a in 2010 auf 80 kWh/a in 2020 abnimmt.
- Die angenommenen spezifischen CO_2-Emissionen beziehen die Verschiedenheit europäischen Länder mit ein (UBA 2007). Sie gehen von einer Reduktion des gegenwärtigen Ausgangswertes von ca. 600 g/kWh in 2006 um ca. 25% bis 2020 aus.
- Der Marktanteil der Thin Clients von gegenwärtig europaweit ca. 2% aller Computerendgeräte wird als auf 18% steigend angenommen. Mit Blick auf die Remontierung schon in Gebrauch befindlicher TCs wird die Substitutionsrate von PCs durch TCs auf 60% dieser Stückzahl veranschlagt. Die Lebensdauer von TCs wird mit 6 Jahren eher niedrig angesetzt.

9.5 Ressourceneffizienzpotenziale durch Thin Clients erschließbar

Die folgenden Abbildungen zeigen die errechneten Potenziale zur Material- und Energieeinsparung durch Substitution von „klassischen" Desktop-PC-Nutzungen durch Thin Client-Anwendungen für West-Europa. Danach beträgt die Materialeinsparung durch Thin Client-Computing im Jahr 2010 rund 28.500 t und steigt bis 2020 auf rund 60.000 t an. Kumuliert man die Materialeinsparungen durch die jährlich neu auf den Markt kommenden Thin Clients, so ergibt sich im Zeitraum bis 2015 eine Gesamtmaterialeinsparung an „Computermasse" von 94.500 t und bis 2020 von 290.000 t.

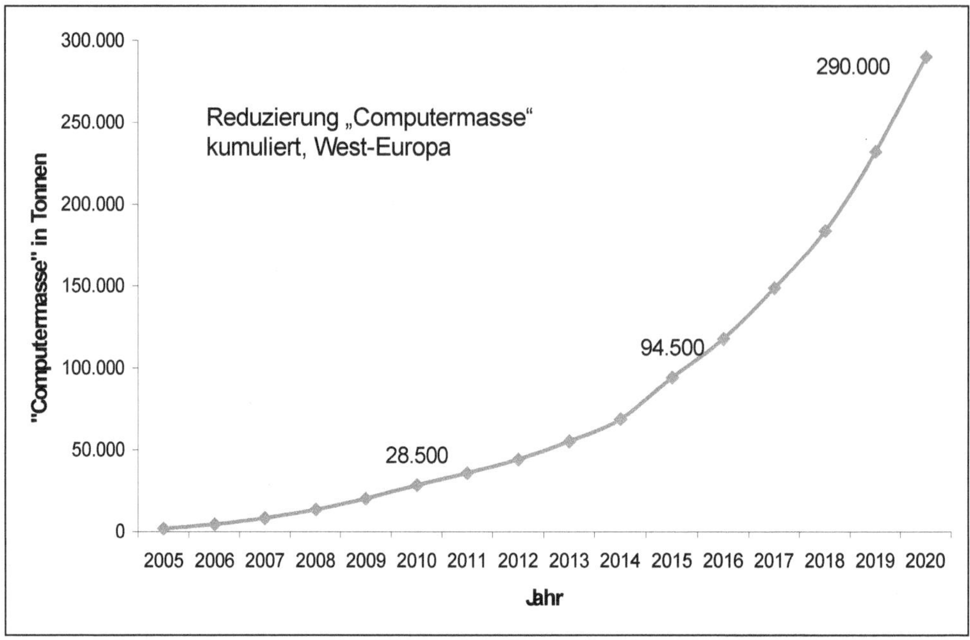

Abbildung 9-3: Mögliche Materialeinsparung durch Thin Clients in West-Europa

Zum Vergleich: Würden aus dem aktuellen Bestand eine Milliarde Handys mit jeweils 80 Gramm Gewicht recycelt, so würde hierdurch eine Materialmenge von 80.000 Tonnen als Rohstoff erschlossen werden. Oder wird durch den jährlichen Verkauf von 2,5 Millionen Handys auf der Internetplattform eBay in Deutschland jeweils die Produktion eines neuen Handys von 80 Gramm vermieden, so wird so die Produktion von Elektronikgeräten mit einem Gesamtgewicht von 200 Tonnen umgangen. Die oben angeführte Summe von 290.000 Tonnen ist also im Elektronikkontext „groß".

Erhebliche Einsparpotenziale bestehen auch mit Blick auf Energie. So beträgt die jährliche Energieeinsparung durch die neu verkauften Thin Clients im Jahr 2010 knapp 208 GWh. Diese Zahl beträgt im Jahr 2020 sogar über 1.000 GWh. Da die Geräte aber nicht nur in dem Jahr eingesetzt werden, in dem sie gekauft wurden, sondern in der Regel über 6 Jahre in Benutzung sind, ergibt sich mit Blick auf alle gleichzeitig eingesetzten Thin Clients, die Desktop-PCs substituieren, eine Energieeinsparung in West-Europa von 700 GWh in 2010. Die jährliche Energieeinsparung durch Thin Client-Computing steigt bis ins Jahr 2015 auf 1,717 TWh und bis 2020 dann auf 4,285 TWh pro Jahr an.

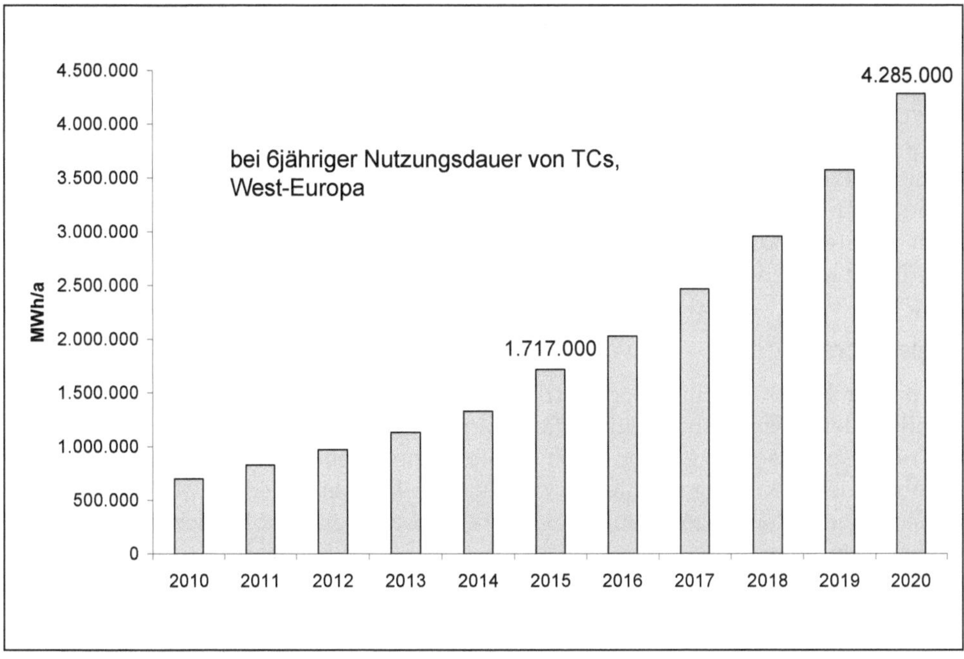

Abbildung 9-4: Energieeinsparung durch Thin Clients, die Desktop-PCs ersetzen

Die Energieeinsparung wirkt sich auch auf die Reduzierung von CO_2-Emissionen aus. So tragen Thin Client-Anwendungen in West-Europa in 2010 zu einer Reduzierung von CO_2-Emissionen in Höhe von rund 400.000 t bei. Das jährliche Reduktionspotenzial steigt bis 2020 auf über 2 Mio. t p.a. an.

9.6 Mögliche ökologische Reboundeffekte des Thin Client Computing

Es gibt eine Reihe von theoretischen Effekten, mit denen sich ein prinzipiell ökologischer Vorteil des Thin Client & Server Centric Computings in das Gegenteil verkehren könnten. Diese werden hier aus zwei Gründen aufgeführt: erstens, um die Möglichkeit dieser Effekte ins Bewusstsein zu rufen und zweitens, um die Akteure des Thin Client & Server Centric Computings zu sensibilisieren und ihre (Entwicklungs-)anstrengungen auch auf die Vermeidung von Reboundeffekten zu richten.

Unangemessene Verkürzung der Nutzungsdauer der Vorläufergeräte

Insbesondere die großen Kostenvorteile aus der Administration von TC&SCC Systemen könnten Unternehmen dazu bringen, noch gut nutzbare PCs deutlich vor Ende ihrer möglichen Nutzungsdauer auszumustern. In vielen Organisationen werden solche PCs zunächst intern umgesetzt, so dass die jeweils ältesten Geräte im Bestand ausgemustert werden. Mit Blick auf den gegenwärtig noch niedrigen Marktanteils von TS&SCC ist weiter zu vermuten, dass freiwerdende PCs prinzipiell auch im Markt für gebrauchte PCs untergebracht werden können. Dennoch besteht zweifellos die Möglichkeit der verfrühten Ausmusterung, auf die die Organisationen mit Anstrengungen zur Ermöglichung einer Weiternutzung reagieren sollten.

Energieverbrauch:

Sollte die für TC&SCC nötige Serverstruktur mehr Energie verbrauchen, als der TC gegenüber dem PC einspart, wird die Energiebilanz negativ. Zwar scheint dies heute nicht so zu sein (vgl. Kapitel 7: Ökologische Aspekte von Thin Clients), es sollte aber auch zukünftig vermieden werden. Die Themen TC&SCC einerseits und energieeffiziente Rechenzentren andererseits sind also aus ökologischer Sicht untrennbar verbunden.

Elektronikschadstoff:

Sollten der TC oder der Serveranteil eine sehr viel höhere Konzentration von Elektronik-Schadstoffen wie bromierte Flammschutzmittel, PVC etc. haben als der PC, könnten sich der Gesamteintrag in den Stoffkreislauf und die Probleme für das Recycling erhöhen. Zwar gibt es zur Zeit keine Hinweise auf eine solche Sachlage, da für den Bau von Servern, PCs und TCs auf ein letztlich immer ähnliches, kaum überschaubares Angebot von Elektronikkomponenten zurückgegriffen wird, dennoch besteht prinzipiell dieses Risiko. Die Umsetzung des aktuellen Standes der Technik zur Vermeidung von Elektronikschadstoffen sollte daher auch beim Entwurf von TCs und Servern beachtet werden, um dahingehend nicht ins Hintertreffen gegenüber ökologisch durchdachten PC-Lösungen zu geraten.

Seltene Metalle

Sollten der TC- oder der Serveranteil einen sehr viel höheren absoluten Gehalt von seltenen (Platingruppen-) Metallen haben als der PC, könnten sich ökologisch wie ökonomisch vermeidbare Wettbewerbsnachteile ergeben. Für einige Metalle sind schon im nächsten Jahrzehnt deutlich steigende Preise aufgrund von auf den Markt durchschlagenden Knappheiten zu erwarten. Ähnlich wie beim Thema Elektronikschadstoffe sind diese Metalle in der Vielzahl vorhandener Elektronikkomponenten enthalten. Die Vermeidung ist mithin nur möglich, wenn seitens der TC und Serverhersteller einerseits fundierte Kenntnisse über die Inhaltsstoffe der Komponenten aufgebaut und andererseits der Stand der Erkenntnisse und der Technik der Rohstoffverfügbarkeit sorgfältig beobachtet wird.

9.7 Zukünftige Entwicklungen der Computertechnologie

Unsere Abschätzungen zeigen, dass die durch Thin Client & Server Centric Computing erschließbaren Ressourceneffizienzpotenziale erheblich sind. Diese treten aber nur in der oben dokumentierten Größenordnung ein, wenn die Annahmen nicht durch die Realität überholt werden. Mehrere Abweichungen der Entwicklung von den oben aufgeführten Annahmen sind denkbar:

Anwendung der Notebooktechnologie im PC-Bereich

Durch die konsequente Konstruktion von PCs mit Notebookteilen könnte sowohl das Gewicht wie auch der Energieverbrauch von PCs deutlich rascher fallen, als oben angenommen. Zwar hat sich in den letzten 15 Jahren bei Desktop-PCs diesbezüglich wenig verändert. Dies bleibt aber nicht so. Ein langsam sichtbarer werdendes Angebot an Kompaktcomputern und kleinen Media-PCs mit 1,5 bis 3 kg Gewicht und einem Stromverbrauch von 20 bis 40 Watt deutet an, in welche Richtung die Entwicklung gehen könnte.

Cloud Computing

Cloud Computing steht für die komplette Verlagerung von Anwendungen und Daten ins Internet, wie z.B. heute schon unter Google Docs eine Textverarbeitung aufgerufen, ein Dokument erarbeitet und anschließend im Internet abgelegt werden kann. Sollte sich Cloud Computing im Privatanwenderbereich starker als heute vermutet durchsetzen, so macht die Anschaffung eines PCs für den Privatnutzer eigentlich keinen Sinn mehr. Ein Thin Client Endgerät, welches den Internetzugang ermöglicht und über einen internen Flashspeicher vertrauliche Daten „dem Netz vorenthält", wäre die einfachere und preiswertere Alternative daheim.

Materialeffiziente Thin Client Technologie

Die Annahmen oben und auch im Fraunhofer Umsicht Projekt beschrieben einen Thin Client als 2,5 kg schweres Gerät mit 20 Watt Stromverbrauch. Es sind aber heute schon Geräte auf dem Markt, die nur 700 g wiegen und im Betrieb ca. 7 Watt verbrauchen. Für das Endgeräte des Cloud Computing von Cherry Pal wird gerade einmal ein Stromverbrauch von 2 Watt angegeben. Kombiniert man die aus heutiger Sicht möglichen Fortschritte zum Kompaktcomputer mit 2,5 kg Gewicht und 30 Watt Verbrauch einerseits und zum reduzierten Thin Client mit 700 g Gewicht und 7 Watt Verbrauch andererseits, sinkt der relative Vorteil des Thin Clients auf 1,8 kg und ca. 60 kWh Verbrauch im Jahr.

Materialknappheit

Bestimmte, für die Computertechnologie relevante Elemente werden knapp. Dies gilt z.B. für eine Reihe von Metallen. Das für LCD-Bildschirme bisher unersetzliche Indium wird u.U. nur noch wenige Jahre in hinreichender Menge verfügbar sein. Gleichzeitig steigt die Vielfalt chemischer Elemente, die für Spezialfunktionen von IT-Bauteilen eingesetzt werden und notwendig sind, im Zeitverlauf an und umfasst heute fast das gesamte Periodensystem der Elemente. Als Konsequenz dieser Entwicklung ist in loser Folge mit Verknappung und Preissteigerung einzelner Elemente und Verbindungen zu rechnen. Es bedarf wenig Phantasie um sich vorzustellen, dass die IT-Branche wenig andere Reaktionsmöglichkeiten hat, als generell materialsparender zu konstruieren. Hieraus dürfte mittelfristig die Marktposition von Thin Clients und Kompaktcomputern gestärkt werden.

Elektronikschadstoffe

Das Kürzel RoHS (*Restriction of the use of certain hazardous substances in electrical and electronic equipment:* „Beschränkung der Verwendung bestimmter gefährlicher Stoffe in Elektro- und Elektronikgeräten") bezeichnet zusammenfassend die EG-Richtlinie 2002/95/EG zum Verbot bestimmter Substanzen bei der Herstellung und Verarbeitung von elektrischen und elektronischen Geräten und Bauteilen, sowie die jeweilige Umsetzung in nationales Recht. Eine Reihe von Materialien in Elektronikbauteilen sind ökologisch und toxisch problematisch und wie Untersuchungen von Greenpeace zeigen durchaus vermeidbar. Bei der Analyse verschiedener Elektronikprodukte fand Greenpeace[5] bei fast allen Produktkategorien Hersteller, die bereits ohne die Verwendung der aufgeführten Schadstoffe auskommen.

9.8 Konsequenzen für die Entwicklung von Thin Clients

Es ist zukünftig generell von einer Tendenz zu schadstoffarmen, material- und energiesparenden Endgeräten der Computertechnologie auszugehen. Für die Konstrukteure von Thin Clients ergeben sich damit eine Reihe von Entwicklungszielen, die erreicht werden müssen, um die relative Wettbewerbsposition zu halten:

- Reduktion von Gewicht und Energieverbrauch im Rahmen des für die jeweiligen Funktionalitäten erforderlichen.
- Vermeidung von Elektronikschadstoffen in der Konstruktion.
- Vermeidung von Bauteilen, deren dauerhafte Verfügbarkeit aufgrund von Problemen der Materialknappheit nicht gesichert ist.

[5] Vgl. online unter www.greenpeace.org/international/campaigns/toxics/electronics/how-the-companies-line-up

TEIL D:

Fallstudien ausgewählter Branchen

10 Deutsche Börse Systems AG

10.1 Einleitung

Unterschiedliche Anwenderszenarien, einheitliches Management – Deutsche Börse Systems nutzt Thin Clients auf dem Parkett, für die Systemüberwachung und an internationalen Serverstandorten.

Skontroführer – so heißen Börsenmakler mit Zulassung zum Börsenhandel – haben eine verantwortungsvolle Aufgabe: an der deutschen Börse bestimmen sie den marktgerechten Börsenpreis eines Wertpapiers. Dabei müssen sie sich blind auf ihre IT-Systeme verlassen können, denn kritische Ausfälle würden schlimmstenfalls den Handel zum Stillstand bringen. Solchen Risiken vorzubeugen ist seit 1997 die Aufgabe der Deutsche Börse Systems AG (DBS). Mit über 1.000 Mitarbeiterinnen und Mitarbeitern verantwortet sie die gesamte Informationstechnologie der weltweit größten Börsenorganisation. Dabei entwirft, baut und betreibt sie nicht nur die technologische Infrastruktur der Deutschen Börse, die DBS betreut weltweit insgesamt noch 16 weitere Börsen. Einen speziellen Aufgabenschwerpunkt in Frankfurt bildet die Verfügbarkeit der Endgeräte auf dem Parkett. Dort, aber auch in anderen Anwendungsbereichen, sorgen Thin Clients für eine sicherere und effiziente Computing-Umgebung.

10.2 Arbeitsplatz-PCs zu teuer

Die Arbeitsplätze der Skontroführer gehören seit Anfang 2005 zum Verantwortungsbereich der Deutsche Börse Systems. „Hier gab es einiges zu verbessern", erinnert sich Jürgen Schneider, Diplom-Informatiker (FH) bei der Deutsche Börse Systems AG. Die Arbeitsplätze waren mit PCs ausgestattet. Darüber wurde das zentrale Handelssystem serverbasiert bereitgestellt. Für diese einfache Aufgabe waren die PCs allerdings deutlich überdimensioniert, mechanisch zu anfällig und in der Pflege zu aufwendig. „Insbesondere die regelmäßigen Security-Patches oder das Wiederaufsetzen des Systems nach einem Ausfall nahmen viel Zeit in Anspruch. Um diese Probleme zu lösen und die bis dahin hohen Wartungs- und Supportkosten dauerhaft zu senken, empfahlen wir der Deutschen Börse die Einführung von Thin Clients." Jürgen Schneider ermittelte darüber hinaus noch zwei weitere Einsatzbereiche, in denen sich Thin Clients als Alternative für Arbeitsplatz-PCs anboten: als Serviceterminal an den Accesspoints der internationalen Rechenzentren sowie als Mehrbildschirmarbeitsplatz zur Systemüberwachung. Weiterhin strebte die DBS eine geringere Wärmeentwicklung und höhere mechanische Robustheit bei den Endgeräten an. Aus lizenzrechtlichen Gründen sollten die Thin Clients ferner Linux-basiert sein und über diverse Terminalemulationen verfügen, da insbesondere die Börsenplätze auf ein IBM 3270 Mainframesystem zugreifen.

10.3 Überzeugendes Lösungskonzept mit Thin Clients

Thin Clients besitzen im Vergleich zu PCs eine sehr kompakte und passive Bauweise ohne bewegliche Teile wie Laufwerke oder Lüfter. Um nebst diesen gewünschten Vorzügen auch eine große Zukunftssicherheit zu erzielen, suchte die DBS für die drei Anwendungsbereiche eine möglichst flexible, aber dennoch einheitlich zu verwaltende Lösung. Michael Gruth, Head of Unit, zum Auswahlverfahren: „Nach diversen Teststellungen konnte hier insbesondere der deutsche Hersteller IGEL Technology überzeugen. Dessen unterschiedliche Modelle besitzen eine reichhaltige Firmware mit unterschiedlichsten Digital Services inklusive der für unsere Zwecke besonders wichtigen Terminalemulationen. Außerdem lassen sich die Geräte sehr einfach, komfortabel und einheitlich über eine im Lieferumfang enthaltene Managementlösung gruppieren, administrieren und verwalten." Als ein weiteres ausschlaggebendes Argument nennt Michael Gruth die IGEL-typische Eigenschaft, dass die Thin Clients auch ohne Kontakt zum Managementserver lauffähig sind. „Der autarke Betrieb ist für uns von größter Bedeutung, denn ein großflächiger Ausfall der Endgeräte könnte den Handel gefährden. Anders als bei einigen Wettbewerbslösungen mit Streaming-Modellen ist die Firmware auf einem Compact Flash-Chip im Gerät gespeichert. Somit stehen alle Funktionen jederzeit zur Verfügung. Zwar wird die Firmware von zentraler Stelle aus aktualisiert, doch ein Fail Safe-Mechanismus garantiert dabei immer einen fehlerfreien Update-Prozess."

10.4 Börsenparkett: hohe Verfügbarkeit, gutes Klima

Als wichtigste Prämisse für die Thin Clients an den inzwischen rund 250 Börsenplätzen galt, bei möglichst hoher Sicherheit und geringer Wartung den Basiszugang zur Host-basierten Börsenapplikation zu gewährleisten und dabei möglichst platzsparend zu sein. Als geeignetes Modell identifizierte Michael Gruth ein Gerät aus der Compact-Serie, dessen Bauform den Einbau in die Arbeitsplätze der Skontroführer, den sogenannten Schranken, erleichterte. „Die klaren Linien des kompakten Gerätes kamen uns sehr entgegen. Die Arbeitsplätze der Skontroführer sind mit einer Tischplatte und einer Haube versehen. In der Haube befindet sich ein reflektionsarmer Monitor, der Thin Client findet im Kabelschlitz dahinter Platz, der gleichzeitig als Lüftungsschacht dient." Mit dieser unauffälligen Installation mindert die DBS auch die hohe Wärmeentwicklung, die bis dato mit dem Einbau der PCs verbunden war. „Wir benötigen jetzt keine zusätzliche Kühlung mehr, was neben der Verbesserung des Raumklimas auch Kosten spart. Die Thin Clients verbrauchen je Gerät etwa 70 Watt weniger Strom als die früheren PCs." Noch stärker als die damit verbundene jährliche Ersparnis von mehr als 4.500 Euro wiegen für Jürgen Schneider allerdings die deutlich kürzeren Servicezeiten: „Dank der Möglichkeit zur Vorkonfiguration über die IGEL Remote Management Suite lassen sich die Geräte in nur fünf Minuten austauschen. Die Installation eines PCs für den Börsenplatz dauerte hingegen mindestens eine Stunde. Dieser Zeitvorteil kommt unter anderem auch unserem Notfallkonzept zugute. Unter Verwendung der aktuellen Reserve von ca. 130 Thin Clients errichten wir binnen drei Tagen eine komplette Notfalllokation für den Börsenhandel."

10.5 Accesspoints: vertraute Managementumgebung

Das zweite Einsatzgebiet für die Thin Clients bilden die 16 Außenstellen in großen europäischen und internationalen Metropolen wie London, Paris, New York und Singapur. In den dortigen Rechenzentren ersetzen die Thin Clients die bisherigen Wartungsterminals. „Zum Zugriff auf die OpenVMS-basierten Systeme nutzen wir bislang textbasierte VT520-Terminals. Da diese inzwischen selten werden, bot sich auch hier ein Ersatz durch kommunikationsbegabte Thin Clients an", berichtet Jürgen Schneider. „An jedem Standort betreiben wir je zwei redundante, örtlich weit voneinander getrennte IT-Racks mit je einem Wartungsterminal. Der Zugriff vom Thin Client auf den Server erfolgt über die integrierte Terminalemulationssuite PowerTerm, die wir bereits zuvor auf unseren Administrations-PCs einsetzten. Via VT100-Protokoll und der Display-Export-Funktion in OpenVMS wird der IGEL zum zuverlässigen Anzeigesystem. Einen Mehrwert im Vergleich zum vorherigen Szenario bietet der in der Firmware integrierte Webbrowser Mozilla Firefox. Dieser Digital Service steht unseren Administratoren an den Accesspoints jetzt ebenfalls zur Verfügung." Wie an den Börsenplätzen ist die Verfügbarkeit der Endgeräte auch hier von größter Bedeutung, wie Michael Gruth verdeutlicht: „Da wir die Server in den Rechenzentren nahezu ausschließlich remote administrieren, kommt es vor, dass sich an manchen Standorten über zwei Jahre kein Mensch aufhält. Betritt man nach so langer Zeit den Serverraum, muss das Gerät funktionieren. Der Thin Client bietet uns dann eine bestens vertraute Administrationsumgebung."

10.6 Systemüberwachung: effizientes Multiviewing

Für das dritte Anwenderszenario, die Systemüberwachung, wählte die DBS ein Thin Client-Modell, das IGEL eigens für den Mehrbildschirmbetrieb und andere hohe grafische Anforderungen entwickelt hat: Der PanaVeo ist mit der für Thin Clients optimierten Grafikkarte Matrox EpicA (T2) ausgestattet. Diese gestattet unter anderem den simultanen Anschluss von bis zu zwei digitalen Bildschirmen. Die zwei bei der DBS angeschlossenen LCD-Fernseher arbeiten im Widescreen-Format 1920x1200. Aus Redundanzgründen wurde ein zusätzlicher Thin Client als

Reserve angeschafft. „Zuvor setzten wir je Arbeitsplatz zwei PCs ein, die wir nun durch einen fernadministrierbaren Thin Client ersetzen." Damit erstreckt sich der Konsolidierungs- und Standardisierungseffekt der neuen Endgeräteinfrastruktur auch über die Arbeitsplätze zur Überwachung von Serverausfällen: „Das Management des PanaVeo-Modells erfolgt dabei über dieselbe Managementlösung, über die wir auch die Compact-Modelle an den Börsenplätzen und den internationalen Accesspoints administrieren. Statt des ehemaligen Managementservers genügt für die Verwaltung heute ein normaler PC, der ebenfalls redundant vorhanden ist. Darüber hinaus bietet uns diese Lösung verschiedene Optionen zur Verwaltung der Profile: in unserem Fall nutzen wir eine SQL-Datenbank. Das Backup der Datensätze erfolgt automatisiert und kosteneffizient über den zentralen Server."

10.7 Gute Werte für Performance und Support

Die Umstellung auf die Thin Clients nahm etwa 20 Personentage in Anspruch. Nebst dieser Fähigkeit zur raschen Migration lobt Michel Gruth vor allem die schnellen Reaktionszeiten sowie den Support des deutschen Marktführers. „IGEL war uns schon länger durch die hohe Bereitschaft zu kundenspezifischen Anpassungen bekannt. So wurde beispielsweise auch das Börsenlogo publikumswirksam als alternatives Boot-Bild umgesetzt. Abgesehen von individuellen Feinheiten wie Schriftarten oder Tastenbelegungen mussten wir kaum Anpassungen vornehmen. Anwender und Administratoren sind gleichermaßen überzeugt von der Lösung. Die Firmware läuft nun schon seit eineinhalb Jahren stabil und die Entlastung im Support ist deutlich spürbar."

10.8 Ökologische Vorteile

Auch wenn in diesem die ökologischen Vorteile der Thin Client Lösung nicht im Vordergrund der Entscheidung für Thon Clients standen lassen sich anhand der durchschnittlichen Stromkosten sowie der Anzahl eingesetzter Thin Clients die Energie-, CO2- und Kosteneinsparungen des Projektes berechnen.

Tabelle 10-1: Ökologischer Vergleich gegenüber PC-Szenario (Standort Frankfurter Börse)

Ausgangsdaten	Wert
Leistungsaufnahme PC[1)]	85 W
Leistungsaufnahme TC[1)]	16 W
Stromersparnis je Thin Client gegenüber PC[2)]	69 W
x 8 Stunden pro Tag	552 Wh
x 220 Arbeitstage pro Jahr	121,4 kWh
Jährliche Stromersparnis[3)] durch:	
- 1 Thin Client-Arbeitsplatz	18,2 €
- 250 Thin Client-Arbeitsplätze	4.554 €
Vermeidung von CO2 –Emissionen[4)] pro Jahr durch:	
- 1 Thin Client-Arbeitsplatz	76,5 kg
- 250 Thin Client-Arbeitsplätze	19,13 t
Prozentuale Strom und CO2-Ersparnis	**81,2%**

1) Wirkleistung im Durchschnitt, 2) Serverbasierter Anteil (Hostapplikation) ist in PC- und TC-Szenario identisch, 3) Basisstrompreis = 0,15 kWh, 4) Produktion einer kWh mit dem deutschen Strommix verursacht 0,63 kg CO2 Quelle: Fraunhofer UMSICHT / IGEL Technology: Ökologischer Vergleich von PC und Thin Client Arbeitsplatzgeräten (http://it.umsicht.fraunhofer.de/TCecology/)

11 Langfristige Performance mit Thin Clients bei HSBC Trinkaus

11.1 Einleitung

HSBC Trinkaus nutzt Thin Clients als grafikstarke Desktops einer Citrix-basierenden Server Based Computing-Umgebung. Die neuen Dualview-Arbeitsplätze sind zuverlässiger, pflegeleichter und stromsparender als die bisherigen Terminal-PCs. Selbst die Administration erfolgt im Zweibildschirmbetrieb.

Die Privatbank HSBC Trinkaus zeichnet sich durch kurze Entscheidungswege und ein Höchstmaß an Flexibilität aus. Das gilt für die Rolle als Wertpapierabwickler für andere Finanzinstitute genauso, wie als Partner für vermögende Privatkunden, den gehobenen Mittelstand, Konzerne und institutionelle Kunden. In ihrem Bemühen, stets höchstes Banktechnik- und Dienstleistungsniveau zu garantieren, passt HSBC Trinkaus ihre Informations- und Kommunikationssysteme konsequent den aktuellen Marktanforderungen an. Dies gilt nicht zuletzt für die IT-Arbeitsplätze der rund 3.000 Mitarbeiterinnen und Mitarbeiter der 15 aktiven Gesellschaften in Deutschland und Luxemburg.

11.2 Modernisierung der IT-Arbeitsplätze

Die Informationssysteme der deutschen Standorte werden vom Hauptsitz der Obergesellschaft HSBC Trinkaus & Burkhardt AG in Düsseldorf betreut. Dort befindet sich auch das zentrale Rechenzentrum mit rund 60 Citrix®-Terminalservern. Um das zentrale Management der Server Based Computing-Infrastruktur noch weiter zu optimieren, werden seit 2007 schrittweise die darauf zugreifenden IT-Arbeitsplätze modernisiert. „Wir haben deutschlandweit etwa 350 Citrix-Anwender, die bis vor kurzem mit so genannten Terminal-PCs arbeiteten – das sind PCs mit Windows® 2000 und lokal installiertem Citrix ICA-Client“, erklärt Emanuel Maderthaner von der HSBC Trinkaus & Burkhardt AG. Maderthaner ist zuständig für IT-System-management, Client-Systeme, Second Level Support und Installation. Mit den Tücken der PC-Terminals ist der Administrator bestens vertraut: „Trotz des beschränkten Installationsumfangs auf den PCs, gab es immer wieder Performanceprobleme, zum Beispiel durch fragmentierte Festplatten. Immer wieder mussten wir außerdem Antivirus-Updates und Betriebssystem-Patches aufspielen. Außerdem verzeichneten wir trotz eines recht kurzen Lebenszyklus von nur drei Jahren immer wieder Hardwareausfälle, die mit teuren Servicefahrten oder kompletten Neuinstallationen verbunden waren."

11.3 Referenzprojekt in Luxemburg

Den Anstoß für die Modernisierung der Desktops erhielt Emanuel Maderthaner bei einem Treffen mit seinen Kollegen der Luxemburger Tochtergesellschaft. Dort war bereits eine Installation mit Thin Clients des deutschen Herstellers IGEL Technology erfolgreich im Betrieb. Die doppelt so lange Lebensdauer der Thin Clients von etwa sechs Jahren und die guten Ergebnisse der europäischen Kollegen veranlassten Maderthaner dazu, auch für die deutschen Niederlassungen aktuelle IGEL-Modelle zu testen. Dabei überzeugte ihn zum einen die im Lieferumfang aller Modelle enthaltene Managementsoftware, zum anderen aber auch die guten Videoeigenschaften der Premium Reihe. „Im Finanzumfeld gehört die Mehrbildschirmoption zum Standard", sagt Emanuel Maderthaner. „Es war uns sehr wichtig, dass dieses Auswahlkriterium auch bei hohen Auflösungen erfüllt wurde."

11.4 Dualview und Multi-Shadowing

Typische Anwenderszenarien für den Zweibildschirmbetrieb finden sich in Bereichen, wo Realtime-Kurse, Trading-Oberflächen und E-Mails simultan überwacht werden müssen. „An diesen Arbeitsplätzen betreiben wir die Thin Clients in der Regel mit zwei 19 Zoll-Displays mit je 1024 x 768 Bildpunkten. Das Fenstermanagement zur Verteilung der einzelnen Anwendungen auf den beiden Bildschirmen funktioniert problemlos." Ein von IGEL entwickeltes, kostenfreies Tool namens Multiscreen Agent sorgt dafür, dass sich mehrere Applikationen einer Remote-Sitzung je nach Nutzeranforderung auf einem Monitor oder über beide Monitore anzeigen lassen. Die Vorzüge dieser effizienten Desktopumgebung macht sich die IT-Abteilung auch selbst zu Nutze: „Mittels VNC-Viewer können wir im Zweibildschirm-betrieb gleich mehrere Thin Clients spiegeln oder fernsteuern. Das macht Support und Management der Thin Client-Umgebung noch effizienter." Bislang sind etwa 150 Thin Clients der Premium-Reihe mit Linux basierter Firmware sowie zehn Thin Clients der Reihe Winestra mit Windows XP Embedded im Einsatz. „Die Winestra-Modelle mit Windows® XP Embedded-basierender Firmware setzen wir für die Serveradministration ein", berichtet Emanuel Maderthaner. „Als einen der zahlreichen Digital Services, welche die Firmware bietet, nutzen wir den integrierten Internet Explorer von Microsoft® nebst ebenfalls integrierten Plug-ins und Java Runtime Environment, um uns auf verschiedene Plattformen zur Serveradministration aufzuschalten."

11.5 Einheitliches Management, praktische Tools

Trotz unterschiedlicher Einsatzszenarien und eingesetzten Modellen profitiert die Privatbank von einem standardisierten Management: „Die gesamte Thin Client-Infrastruktur lässt sich einfach und komfortabel über die mitgelieferte IGEL Remote Management Suite konfigurieren und verwalten. Kosteneinsparungen entstehen dabei im Vergleich zu den Terminal-PCs durch effizientere Updates. Wir können die Thin Clients zentral und sicher aktualisieren, die häufigen Betriebssystem-Patches und Antivirenerneuerungen entfallen." Auch in diesem Bereich bietet IGEL sinnvolle Tools und Funktionen, wie zum Beispiel den Fail-Safe Update-Mechanismus, der für fehlerfreie Update-Prozesse sorgt. Das so genannte Buddy-Update wiederum lässt einen Thin Client im Netzwerkt als Update-Server fungieren, der alle Modelle derselben Gruppe automatisch und ohne zusätzlichen FTP-Server aktualisiert. Für die Windows® XP Embedded-Modelle gibt es ferner die Möglichkeit eines partiellen Firmware-Updates. Das schont zum einen die Netzwerkbandbreite, zum anderen lassen sich dabei aber auch gezielt kleine Windows-Applikationen in einen freien Speicherbereich der Firmware integrieren und fortan nutzen.

11.6 Schnelle Implementierung

Anlässlich des Umzugs der Niederlassung Stuttgart im Oktober 2006 wurde ein erstes Pilotprojekt gestartet. Danach folgten im Wochenturnus weitere Roll-outs in Baden-Baden, Berlin, Frankfurt am Main, Hamburg und München. Zuletzt wurden auch einige Düsseldorfer Büros mit Thin Clients ausgestattet. Diese erste Phase umfasste 150 Geräte. In Luxemburg läuft aktuell der Roll-out einer zweiten Thin Client-Generation. „Zur Umstellung von etwa 40 Systemen benötigten wir inklusive Usereinweisung etwa drei bis vier Tage", erinnert sich Emanuel Maderthaner. „Die Thin Clients wurden zunächst in der Managementsoftware angelegt und über Nacht oder am Wochenende angeschlossen." Aufgrund der im Vergleich zu den Terminal-PCs ähnlichen Bedienungsoberflächen gab es nur anfänglich Schulungsbedarf. Mit dem Support während des Roll-outs zeigt sich Emanuel Maderthaner zufrieden: „Unsere Multi-Shadowing-Anforderung erfüllte IGEL mit einem speziellen Firmware-Update. Auch bei vereinzelten Problemen mit einigen Fenstern und Pop-ups unter ICA Version 10 konnten uns die Entwickler von IGEL schnell und engagiert helfen."

11.7 Besseres Raumklima, niedrigerer Stromverbrauch

Das Modernisierungsprojekt sieht vor, alle 350 Terminal-PCs durch Thin Clients zu ersetzen. Emanuel Maderthaner kann sich rückblickend zum Roll-out von insgesamt 150 Thin Clients über positives Anwenderfeedback und merklich sinkende Supportkosten freuen. „Die lüfterlosen Systeme sind im Gegensatz zu Terminal-

PCs geräuschlos, auch die Wärmeentwicklung ist geringer. Das macht das Arbeiten in den Räumen angenehmer. Außerdem freuen sich unsere Anwender über die bessere Performance, insbesondere das Hochfahren ist mit weniger als einer Minute deutlich kürzer als vorher. Unsere Administratoren wiederum sehen sich entlastet, da zeitintensive Arbeiten wie das Einrichten, Reparieren oder Austauschen von Endgeräten entfallen. In den Außenstellen halten wir Ersatzgeräte vor, welche die Mitarbeiter bei Bedarf selbst anschließen. Früher mussten wir hierfür einen ganzen Supporttag rechnen."

Neben dem geringeren Wartungs- und Administrationsaufwand fallen wirtschaftlich auch die geringeren Lizenz- und Stromkosten ins Gewicht. „Wir müssen für die modernisierten Arbeitsplätze keine Desktop-Lizenzen mehr bezahlen. Dank des niedrigeren Stromverbrauchs der Thin Clients sparen wir außerdem etwa 7.100 Euro jährlich. Unterm Strich verhilft uns diese Lösung also nicht nur zu einem effizienteren IT-Management, sondern auch zu zahlreichen monetären Einsparungen bei einer langfristig gesicherten Performance im Desktop-Bereich."

Tabelle 11-1: Ökologischer Vergleich gegenüber PC-Szenario (HSBC Trinkaus)

Leistungsaufnahme PC-Terminal mit ICA-Client[1)]	**96 W**
Leistungsaufnahme IGEL LX Premium[2)]	19 W
Stromersparnis je Thin Client gegenüber PC	77 W
x 8 Stunden pro Tag	616 Wh
x 220 Arbeitsstage pro Jahr	135 kWh
Jährliche Stromersparnis[3)] bei:	
- 1 Thin Client-Arbeitsplatz	20,33 €
- 350 Thin Client-Arbeitsplätze (Endausbau)	**7.114 €**
Vermeidung von CO2 –Emissionen[4)] pro Jahr durch:	
- 1 Thin Client-Arbeitsplatz	85 kg
- 250 Thin Client-Arbeitsplätze	**30 t**
Prozentuale Strom- und CO2-Ersparnis	**80 %**

1) Wirkleistung eines „Heavy User"-Szenario im Durchschnitt (Quelle: Fraunhofer UMSICHT / IGEL Technology: Ökologischer Vergleich von PC und Thin Client Arbeitsplatzgeräten (http://it.umsicht.fraunhofer.de/TCecology/), 2) Server-basierter Anteil ist in beiden Szenarien (PC-Terminal und Thin Client) identisch, 3) Basisstrompreis = 0,15 kWh, 4) Produktion einer kWh mit dem deutschen Strommix verursacht 0,63 kg CO2

12 MediMax Elektronik-Marktkette

12.1 Einleitung

Die Elektronikkette MediMax setzt auf Server Based Computing mit Windows Server 2003® und Thin Clients. Mit über 100 Filialen ist MediMax die erfolgreiche Fachmarktlinie der ElectronicPartner-Verbundgruppe in Deutschland. Die Zugehörigkeit zum Mutterverbund garantiert den Franchisenehmern der Elektronikkette eine schnelle Warenversorgung und günstige Einkaufskonditionen. Über 50.000 Artikel zahlreicher namhafter Markenhersteller und unterschiedlicher Preisklassen sind ständig abrufbar. Darüber hinaus profitieren die Filialen von einer zentralen Organisation und Betreuung ihrer IT. Von Düsseldorf aus administriert ein internes Supportteam die Arbeitsplätze aller Standorte und stellt außerdem die Warenwirtschaftslösung zur Verfügung. Dank der Umstellung auf eine moderne Server Based Computing-Umgebung sind Wartung und Support künftig so effizient wie nie zuvor.

12.2 Konsequente Zentralisierung der IT

Bis zur Einführung des Server Based Computings setzte sich die IT-Topologie einer typischen MediMax-Filiale wie folgt zusammen: Ein lokaler Server stellte das Linux-basierte Warenwirtschaftssystem zur Verfügung und diente gleichzeitig als Fileserver für Office-Dateien und E-Mails. Anwenderseitig bestand das Client/Server-Netzwerk im Durchschnitt aus etwa neun Windows®- sowie zwei Linux-basierten PCs für die Kassenarbeitsplätze. Den Windows®-Desktops kam dabei eine Doppelfunktion zu. Neben lokalen Office-Programmen griffen die Mitarbeiter mittels Linux-Emulation auch auf die Warenwirtschaftslösung zu. Die Peripherie der Fat Clients umfasste lokale Drucker und Barcodescanner. „Die Umstellung auf Thin Clients erfolgte sowohl aus Sicherheits- als auch aus Kostengründen", begründet Dietmar Sotzko, Abteilungsleiter Organisation Einzelhandel bei MediMax, die Entscheidung zur Modernisierung der Filial-IT. „Um Ausfälle durch Eigeninstallationen oder Virenverseuchungen zu vermeiden, ließen wir schon damals keine Administrationsrechte in den Filialen zu. Nichtsdestotrotz mussten wir viele Servicefahrten zu teils weit entfernten Standorten in Kauf nehmen. Insbesondere die Wartung der Windows®-basierten Desktops mit ihren lokalen Anwendungen war aufwendig. Die ständige Ressourcenbelegung unseres IT-Teams zwang uns schließlich dazu, nach einer effizienteren Lösung zu suchen."

12.3 Überzeugende Referenzen, rasche Evaluation

Bei einem branchenfremden Betrieb inspizierte Dietmar Sotzko erstmals eine Thin Client-Infrastruktur in der Praxis und erkannte sofort die darin liegenden Chancen: „Mit Hilfe des Server Based Computing mit Thin Clients konnten wir eine konsequente Fernwartung einführen. Die Datensicherung erfolgt zentral auf dem Server. Es gibt weder eine lokale Datenhaltung noch Manipulationsmöglichkeiten durch den User. Auch weisen Thin Clients mit sechs Jahren und mehr einen mindestens doppelt so langen Lebenszyklus auf wie PCs. Das liegt vor allem an dem konsequenten Verzicht auf mechanische Bauteile wie Lüfter und Laufwerke. Ein weiterer wesentlicher Vorteil ist, dass sich Störungen leichter beseitigen lassen. Fällt ein Thin Client aus, wird er kurzerhand von einem Mitarbeiter durch ein Reservegerät ersetzt und der Arbeitsplatz steht sofort wieder zur Verfügung. Aufgrund dieser Produktivitäts- und Kostenvorteile war uns schnell klar, dass wir langfristig möglichst viele PCs durch Thin Clients ersetzen wollten." Diesem Entschluss zur Modernisierung folgte eine intensive Internet-Recherche nach geeigneten Herstellern. Nach einer strengen Vorauswahl kamen zwei Anbieter in die Testphase. Dabei stellte sich der deutsche Anbieter IGEL Technology als Thin Client-Hersteller mit dem besten Preis-Leistungs-Verhältnis heraus. „Die erste Testumgebung ließ sich sehr einfach realisieren", erklärt Dietmar Sotzko. „Die für den Zugriff nötige Microsoft®-Lizenz TSCAL kann nach der Freischaltung in Windows® Server 2003 für 30 Tage kostenlos genutzt werden. Das Demo-Gerät war mit wenigen Schritten eingerichtet."

12.4 Universeller Desktop zu minimalen Kosten

Um die Einsparungen schon recht bald zu erreichen, wollte MediMax insbesondere auch die Investitionskosten der neuen Infrastruktur gering gehalten. Serverseitig entschied man sich deshalb für die bereits in Windows® Server 2003 integrierten Terminalservices, die nach der Installation einfach freigeschaltet werden. „Der Einsatz von Thin Clients in Logistik, Warenwirtschaft und Marketing ist für den Einzelhandel ein gewichtiger Wettbewerbsvorteil", erklärt der betreuende IGEL Key Account Manager Retail Markus Steinkamp. „Erfolgsentscheidend ist dabei allerdings die richtige Mischung aus kostensenkenden Standardisierungseffekten und einer hohen technologischen Flexibilität für gegenwärtige und zukünftige Herausforderungen." Die von MediMax gewählten Modelle der Compact Reihe bieten den Filialen nicht nur das für die Kommunikation mit den Terminalservern obligatorische Protokoll RDP, darüber hinaus sind auch noch viele weitere Digital Services im Sinne unterschiedlicher lokaler Protokoll-Clients und Tools als Zugriffswege auf zentrale Infrastrukturen integriert, darunter Citrix® ICA oder das Linux-Protokoll X11R6 inklusive NoMachine NX. Außerdem bietet die Firmware einen Internet-Browser inklusive Plug-ins für den direkten Internetzugriff sowie Software-Clients zur Verbindung und Darstellung virtueller Desktops. „Obgleich wir momentan nur Basisfunktionalitäten nutzen, bietet uns der Universal Desktop-Ansatz von IGEL eine hohe Zukunftssicherheit", stellt Dietmar Sotzko fest. Unter Kostengesichtspunkten ist ihm aber vor allem die Managementlösung wichtig, die bei allen IGEL-Modellen einheitlich im Lieferumfang enthalten ist. „Mit der Managementlösung stehen und fallen die Einsparungen im Support. Die IGEL Remote Management Suite ist intuitiv und selbsterklärend gestaltet. Damit können wir die Geräte nicht nur gruppenbasiert und daher sehr effizient fernadministrieren, sondern auch einfach und sicher aktualisieren. Auch der Betriebszustand der Thin Client-Infrastruktur lässt sich in Echtzeit überwachen und übersichtlich darstellen."

12.5 Drucker, Scanner, Videokonferenzen

Als weitere für MediMax bedeutende Lösungseigenschaft nennt Sotzko die Printserverfunktionalität der Thin Clients. „Damit lassen sich unsere lokal angeschlossenen Drucker auch für andere User im Netzwerk bereitstellen." Auch die Barcodescanner arbeiten problemlos mit den Thin Clients und den serverseitig bereitgestellten Anwendungen zusammen. Typische Einsatzbeispiele finden sich im Wareneingang oder im Verkauf, wo Artikel anhand des Strichcodes identifiziert und im System nachgeschlagen werden. „Die Anbindung der Peripheriegeräte erfolgte problemlos", berichtet Dietmar Sotzko. „Allerdings mussten wir im Vorfeld passende Druckertreiber besorgen, da wir uns für die Modellversion mit Linux-Firmware entschieden hatten." Die Vielseitigkeit der Thin Clients zeigt sich unter anderem im Zusammenhang mit einer Videokonferenzlösung: „Seit einigen Monaten nutzen wir eine neue, effizientere Form der Kommunikation mit den Filialen: mittels Web-Konferenz des Anbieters Interwise besprechen wir aktuelle IT- und Organisationsthemen. Auch hierbei leisten die Thin Clients einen guten Dienst, indem sie an die frühere Stelle von Papier und E-Mails treten."

12.6 Ausbau auf 1.500 Thin Clients

Langfristig ist geplant, sämtliche Windows-PCs in den Filialen komplett durch Thin Clients zu ersetzen. „Im geplanten Gesamtausbau werden das ca. 1.500 Geräte sein. Die Kassenarbeitsplätze belassen wir vorläufig noch als Fat Client mit Linux, aber auch hier ist auf Dauer ein Umstieg denkbar." Die ersten Roll-outs sind bereits abgeschlossen. Einer vierwöchigen Testphase, in der alle Funktionen simuliert worden waren, folgte Mitte 2007 ein Pilotprojekt in Düsseldorf. Anschließend wurden die Standorte Schwandorf, Teltow und Strausberg modernisiert. Zusätzliche Neueröffnungen folgen standardmäßig dem neuen Konzept, so etwa die neuen Filialen Berlin-Charlottenburg und Strausberg. „Für 2008 waren weitere 17 Filialumstellungen mit je zwölf bis 15 Geräten geplant. Dabei hängt die Dauer des Rollouts in erster Linie von den Lieferfristen der Server ab. Für die Freischaltung der Microsoftlizenzen kalkulieren wir etwa zehn bis 15 Tage ein. Die Terminalserver und Domaincontroller werden von unserem Lieferanten, der Bechtle AG, vorkonfiguriert. Bestellung und Versand der Thin Clients an die Filialen organisieren wir intern. Der Gesamtinstallationsaufwand pro Filiale beläuft sich auf etwa vier Personentage. Dabei bedarf der Anschluss der Thin Clients selbst nur weniger Minuten. Wir bekommen die MAC-Adressen der Geräte vorab von IGEL zugeschickt und importieren diese in die IGEL Remote Management Suite zur gruppenbasierten Konfiguration. Hat der physische Thin Client schließlich Netzzugang, holt er sich automatisch alle vordefinierten Einstellungen."

12.7 Stromkostenersparnis von 45 Prozent

Dietmar Sotzko rechnet damit, dass sich die Investitionskosten nach drei Jahren amortisieren werden. „Wir verzeichnen kaum noch Servicefahrten zu den modernisierten Filialen, da praktisch kein Sicherheitsrisiko mehr besteht." Nachhaltige Einsparungen erwirkt auch der niedrigere Stromverbrauch der neuen Desktop-Umgebung. „Trotz des zusätzlichen Terminalservers und Domaincontrollers in jeder Filiale sparen wir etwa 45 Prozent an Stromkosten für die IT", freut sich Dietmar Sotzko. „Im Endzustand mit 1.500 Geräten sind das knapp 34.000 Euro pro Jahr." Die Ökobilanz des Unternehmens verbessert sich ebenfalls: durch den geringeren Energieverbrauch lassen sich jährlich 142 Tonnen an anteiligen CO2-Emissionen vermeiden. „Auch in dieser Hinsicht haben sich unsere Erwartungen voll erfüllt. Alles in allem erleben wir die Thin Client-Lösung als durchdachte, praxistaugliche und zukunftssichere Technologie mit deren Hilfe wir auch unsere langfristigen Ziele kosteneffizient erreichen können."

Tabelle 12-1: Stromkostenersparnis und CO2-Vermeidung

Kategorie	Wert
IT-Stromkosten insgesamt inkl. TCs, Terminalserver und Domainkontroller ca. p.a.	75.550 Euro
Energieeinsparung pro Thin Client p.a.	22,66 Euro
Gesamteinsparung p.a. bei 1.500 TCs	34.000 Euro
Energieeinsparung in Prozent	45%
Jährliche Ersparnis an CO2-Emissionen durch verringerten Stromverbrauch	142 Tonnen

13 Auto Teile Unger: Gesprengte Ketten

13.1 Einleitung

A.T.U Auto-Teile-Unger passt seine IT-Infrastruktur dem rasanten Filialwachstum an und migriert auf eine skalierbare Server Based Computing-Infrastruktur mit IGEL Thin Clients. Seit der Gründung 1985 ist A.T.U Auto-Teile-Unger ununterbrochen auf Wachstumskurs. In den über 600 Filialen, in den modernen Distributionszentren und der Firmenzentrale in Weiden in der Oberpfalz beschäftigt das internationale Unternehmen inzwischen über 14.000 Mitarbeiterinnen und Mitarbeiter. Dank eines integrierten und innovativen Geschäftsmodells mit „gläsernen Werkstätten" erwirtschaftete A.T.U 2006 einen Umsatz von über 1,4 Mrd. Euro. Im Zuge seiner europaweiten Expansion will das Unternehmen bis 2013 auf über 1.000 Filialen anwachsen. Ohne eine kostengünstige und skalierbare IT-Infrastruktur ist dieses Ziel aber nicht realistisch. Deshalb migriert Auto-Teile-Unger sukzessive auf Server Based Computing mit Thin Clients.

13.2 Client/Server Computing zu unflexibel

Die ursprüngliche IT-Infrastruktur bestand aus einem typischen Client/Server-Netzwerk mit Fat Clients. „Das administrationsaufwändige Konzept mit verschiedenen PCGenerationen und Images skalierte sehr schlecht und hemmte unser Filialwachstum", berichtet IT-Leiter Manfred Gerlach. „Da der Austausch defekter oder veralteter PCs durch die Zentrale erfolgte, stiegen die Supportkosten unverhältnismäßig stark an. Aber auch in der Zentrale gab es einen großen Bedarf an Standardisierung. Manche Büroarbeitsplätze erforderten für unterschiedliche Anwendungen gleich drei PCs." Ein weiteres Bedarfskriterium bildete der hohe Stromverbrauch. „Die etwa 4.000 PCs in den Filialen liefen rund um die Uhr. In der Zentrale waren während der Bürozeiten etwa 1.000 Fat Clients im Einsatz, meist unzureichend ausgelastet."

13.3 Neues Server Based Computing-Konzept

Als Ausweg aus der Fat Client-Misere beschließt das Unternehmen Anfang 2006, die IT zu zentralisieren. Nach einem Proof-of-Concept und einer zweimonatigen Angebotsphase verpflichtete A.T.U die IBM Global Technology Services GmbH als Generalunternehmer für das Projekt. Das Gesamtkonzept wurde gemeinsam mit den IT-Mitarbeitern von A.T. U und IBM Global Technology Services in einem Workshop, in dem die Geschäftsanforderungen und die bisherige Abdeckung durch die IT dargestellt wurden, erarbeitet. Das Projekt starte im Juli 2006. Ab diesem Zeitpunkt wird die Server Based Computing-Infrastruktur auf Basis von Citrix Presentation Server 4.0 eingeführt. Das neue Infrastrukturkonzept sieht für die neue Filialstruktur ausschließlich Thin Clients als Endgeräte vor. Um dies bereits von Beginn an möglich zu machen, erhält jede neue Filiale zusätzlich einen dezentralen Citrix-Server, auf dem die bisherige Filialapplikation läuft. „Diese Filialzwischenlösung ist für etwa zwei Jahre konzipiert", erklärt Bernhard Panzer, Teamleiter Netz/Server bei Auto-Teile-Unger. „Die neue Filialapplikation wird einheitlich für alle Thin Clients über unsere zentrale Serverfarm in Weiden bereitgestellt."

13.4 Etwa 25 Prozent Einsparungen beim Support

Mit dem neuen Infrastrukturkonzept erzielt A.T.U deutliche Einsparungen bei Administration und Support: „Da die Anwendungen im Server Based Computing nur auf den zentralen Terminalservern laufen und nicht lokal installiert und gepflegt werden müssen, lassen sich neue Applikationen wesentlich schneller ausrollen", erklärt Bernhard Panzer. „Dies ist eine wesentliche Voraussetzung für die Eröffnung weiterer Filialen in Europa." A.T.U ist inzwischen europaweit der führende Betreiber von Kfz-Meisterwerkstätten mit integriertem Autofahrer-Fachmarkt; mit Niederlassungen in Österreich, Holland, Italien, Tschechien und der Schweiz. „Die Umstellung auf Server Based Computing mit Thin Clients erlaubte uns, binnen kurzer Zeit flächendeckend in über 600 Filialen neue zentrale Dienste wie Internet, E-Mail oder Intranet anzubieten, ohne große Folgelasten für das ITTeam zu generieren. In der bisherigen heterogenen PC-Welt hätten wir fortan immer wieder Sicherheitspatches aufspielen müssen. Die Thin Clients hingegen administrieren wir zentral und gruppenbasiert mithilfe der mitgelieferten IGEL Managementsoftware. Die Gerätefirmware lässt sich zeitgesteuert aktualisieren. Das hat Kosteneinsparungen von etwa 25 Prozent zur Folge."

13.5 Preis/Leistungsverhältnis Ausschlaggebend

Die Thin Clients für das Projekt kamen von dem deutschen Hersteller IGEL Technology GmbH. „Positive Erfahrungen mit IGEL in vergangenen Projekten und IBM als Generalunternehmer boten hier gute Voraussetzungen für ein gemeinsames Projekt", berichtet Dr. Claus Weigand, Consultant bei IBM Global Technology Services GmbH. „Letztendlich war das Preis/Leistungsverhältnis entscheidend. Zu den projektspezifischen technischen Auswahlkriterien zählten in erster Linie die Prozessorleistung, die Bildschirmauflösung und die Stabilität der Thin Clients." Bernhard Panzer bestätigt diese Aussage aus der Praxis: „Schon die ersten Tests mit IGEL Thin Clients liefen sehr gut. Einen weiteren Vorteil sehe ich auch in der im Lieferumfang enthaltenen IGEL Remote Management Suite. Die Software hat sich insbesondere zur Vorbereitung der Roll-outs bewährt. Mit unterschiedlichen Thin Client-Bauformen können wir außerdem unsere ITArbeitsplätze sehr kostenbewusst ausstatten.

13.6 Digital Services: Mehrwert und Zukunftssicherheit

Einen weiteren Mehrwert für A.T.U bieten die Thin Clients auch mit ihrem umfassenden Spektrum an Digital Services, d.h. lokale Protokoll Clients und Tools, durch welches sich dem Unternehmen weitere spezifische Anwendungsbereiche erschließen: Neben dem für die Citrix-Umgebung obligatorischen Kommunikationsprotokoll ICA unterstützen die Geräte beispielsweise auch VoIP via Thin Client oder ThinPrint, eine Lösung zum bandbreitenoptimierten Drucken im Netzwerk. Beide Verbesserungspotenziale evaluiert A.T.U bereits für die Zukunft. Mithilfe des integrierten Smartcard-Readers kann das Unternehmen ferner bei Bedarf schnell und kostengünstig auch smartcardbasierte Authentifizierungs- und Roaminglösungen realisieren. Ein wichtiges Feature bildete auch die Fähigkeit zum Anschluss von zwei Bildschirmen. „Aufgrund der Dualview-Funktion setzten wir zunächst das Linux Premium-Modell ein", berichtet Bernhard Panzer. „Seit IGEL Dualview auch serienmäßig in der kostengünstigeren Smart-Reihe anbietet, nutzen wir die Smart-Serie als Standardmodell der Zentrale und in den Filialen. Bislang betreiben wir etwa 150 Dualview-Arbeitsplätze, typischerweise im Callcenter und in der Disposition". Als weiterer Digital Service kommt die Nutzung des in die Firmware integrierten MPlayers in Betracht. „Darüber ließen sich künftig beispielsweise Verkaufs- oder Informatiossvideos direkt an den Point of Sale streamen."

13.7 Managementlösung beschleunigt Roll-out

Nach der dreimonatigen Implementierungsphase der Citrix-Umgebung auf Basis von 120 Blade-Servern startete im April 2007 der Roll-out der Thin Clients. Für die Verteilung der Geräte an die Filialen nutzt A.T.U die eigene Logistik. „Gemeinsam mit der Teileversorgung erhalten die Standorte die Thin Clients über Nacht. Eine weitere Verkürzung des Prozesses erreichen wir über die Vorkonfiguration der Geräte mithilfe der IGEL Remote Management Suite. Hierfür stellt uns der Hersteller vorab die MAC-Adressen seiner Geräte zum CSV-Import bereit. Nach dem physischen Anschluss beziehen die Thin Clients ihre Einstellungen vom Server und sind sofort einsatzbereit." Bis 2008 will A.T.U insgesamt 2.800 IGEL Thin

Clients ausrollen. 500 davon sind für die Zentrale vorgesehen, insbesondere für das Callcenter und administrative Einheiten wie Kassenprüfung, A.T.U Card-Abteilung, Buchhaltung oder Disposition. Nach einem Pilot im Jahr 2008 sollen die Thin Clients in den Filialen auch als Kassenterminals zum Einsatz kommen.

13.8 Stromverbrauch sinkt bis 2009 um 30 Prozent

Im ersten Projektschritt bis etwa 2009 werden nur neue Filialen mit Thin Clients ausgestattet, danach sukzessive auch die bestehenden. Obwohl in dieser Phase zusätzlich zu den Thin Clients auch je ein dezentraler Terminalserver in den schätzungsweise 150 neuen Filialen betrieben wird, profitiert A.T.U bereits in dieser Übergangsphase von einer deutlichen Senkung des Stromverbrauchs. „Bis zur Ablösung der alten Filialapplikation und dem Abbau der dezentralen Server werden wir noch 550 alte Filialen mit Fat Clients haben. 500 Thin Clients sind bis dahin in der Zentrale implementiert", berichtet Bernhard Panzer. „Durch den geringeren Energiebedarf der Thin Clients und das zeitgesteuerte Abschalten der Geräte sinkt der Stromverbrauch um 30 Prozent. Das entspricht einer jährlichen Kostenersparnis von 230.000 Euro gegenüber der bisherigen PC-Infrastruktur. Das ist zugleich auch ein ökologischer Faktor. Der indirekte Anteil am CO2-Ausstoß durch den Verbrauch am Strommix verringert sich entsprechend um 981 Tonnen. Nach Abschaffung der dezentralen Terminalserver und dem sukzessiven Ersatz der PCs in den bisherigen Filialen schätzen wir die Einsparungen gegenüber dem Ursprungsszenario auf etwa 50 Prozent."

Nachfolgend werden die Zahlen für den ersten Projektschritt erläutert. Ziel war die Einführung von Thin Clients in der Zentrale und 150 neuen Filialen. Der Projektbeginn war im April 2007. Die weitere Annahme lautet, dass die Gesamtzahl der Filialen bei insgesamt 700 liegen wird (geschätzter Stand im April 2009).

Tabelle 13-1: Szenario 1) mit Thin Clients und Alt-PCs (Stand 2008/2009): 500 Thin Clients in der Zentrale, 550 Alt-Filialen weiterhin PC-basiert (Fat Client), 150 Filialen mit Zwischenlösung (mit je einem dezentralen Terminalserver)

Szenario 1	Filialen		Zentrale
	TC	PC	PC
Anzahl Standorte	150	550	1
Endgeräte pro Standort	8	8	500
Verbrauch pro Endgerät in Watt (bei TC inkl. Terminalserveranteil)	28 [2)]	85	41 [2)]
Laufzeit (Stunden pro Tag)	14	24	8
Laufzeit (Tage pro Woche)	6	7	5
Laufzeit (Wochen pro Jahr)	52	52	44
Befristeter Mehrverbrauch durch einen dezentralen Terminalserver pro Filiale	15.000		
Laufzeit (Stunden pro Tag)	24		
Arbeitstage pro Jahr	365		
Verbrauch Endgeräte (kWh)	146.765	3.267.294	36.080
Verbrauch dezentraler Server (kWh)	131.400		
Stromverbrauch Endgeräte (kWh)	**3.581.509**		**36.080**

Tabelle 13-2: Szenario 2) ausschließlich mit Fat Clients (700 Filialen und Zentrale)

Szenario 2	Filialen	Zentrale	
Endgeräte pro Standort	700	500	
Laufzeit (Stunden pro Tag)	24	8	
Laufzeit (Tage pro Woche)	7	7	
Laufzeit (Wochen pro Jahr)	52	52	
Stromverbrauch Endgeräte (kWh)	**5.082.411**	**56.124**	**200 W je PC**

Tabelle 13-3: Fazit Gesamtbetrachtung

	Filialen	Zentrale	Gesamt
Stromverbrauch mit TC (Szenario 1)	3.545.429	36.080	3.581.509
Stromverbrauch ohne TC (Szenario 2)	5.082.411	56.124	5.138.535
Einsparung pro Jahr (MWh)			**1.557**
Einsparung pro Jahr in Prozent			**30 %**
Einsparung pro Jahr (bei 0,15 €/kWh)			**233.554 €**
Entsprechende Minderung des CO2-Ausstoßes pro Jahr [3)]			**981 t**

1) Thin Client mit Wirkleistungsanteil am dezentralen Server (ohne Kühlungsanteil eines Datencenters), Quelle: Fraunhofer UMSICHT: Ökologischer Vergleich von PC und Thin Client-Arbeitsplatzgeräten (http://it.umsicht.fraunhofer.de/TCecology/) 2) Thin Client mit Wirkleistungsanteil zentrale Serverfarm und mit Kühlungsanteil des Datencenters, Quelle: Fraunhofer UMSICHT: Ökologischer Vergleich von PC und Thin Client-Arbeitsplatzgeräten (http://it.umsicht. fraunhofer.de/TCecology/), 3)Produktion einer kWh mit dem deutschen Strommix verursacht 0,63 kg CO^2

13.9 Voraussetzung für weiteres Wachstum

IT-Leiter Manfred Gerlach ist zufrieden mit den ersten Projektergebnissen: „Die strategische Entscheidung für Server Based Computing mit Citrix und Thin Clients hat sich in allen Bereichen bewährt. Die Anfangsinvestitionen werden sich voraussichtlich nach etwa drei bis vier Jahren amortisieren. Nach dem Abschluss der Migration werden wir Neubeschaffungen im Filialumfeld nur noch auf Basis von Thin Clients durchführen. Unser Ziel ist es, pro Jahr etwa 50 neue Filialen mit ca. 400 Thin Clients zu eröffnen. Dank unserer neuen, skalierbaren Infrastruktur stellt dieses Ziel unter IT-Gesichtspunkten keine Herausforderung mehr dar."

14 b.i.t. Bremerhaven: Thin Clients entlasten Schulen

14.1 Einleitung

Das Schulamt Bremerhaven zentralisiert die Verwaltungs-IT und schafft dadurch Freiräume für pädagogische und organisatorische Herausforderungen. Pflege und Support der neuen Infrastruktur übernimmt der Dienstleister b.i.t. Bremerhaven, die Thin Clients kommen vom Bremer Hersteller IGEL Technology. Ganztagsschulen, das 12-jährige Abitur, PISA, der Wegfall der Orientierungsstufe – deutsche Schulen müssen derzeit zahlreiche organisatorische und pädagogische Herausforderungen bewältigen. Um die neuen Strukturen umsetzen zu können, werden zusätzliche Ressourcen benötigt. Das Schulamt Bremerhaven hat gemeinsam mit dem Dienstleister b.i.t. Bremerhaven (Betrieb für Informationstechnologie) eine intelligente Lösung gefunden, wie sich die benötigten finanziellen Freiräume schaffen lassen.

14.2 IT-Betreuung bislang zu aufwendig

Das Schulamt Bremerhaven ist für 39 Schulen zuständig, in denen in der Regel ein bis zwei Geschäftszimmerangestellte und eine Rektorin bzw. ein Rektor für die Verwaltung zuständig sind. Vor der Modernisierung der IT-Umgebung waren für die computergestützte Arbeit je vier PCs und ein PC-Server installiert, die Schulverwaltungssoftware basierte auf Microsoft® Access und war lokal auf den PCs installiert. „Zur Betreuung der insgesamt knapp 200 PCs und deren Software gab es nur eine Mitarbeiterin, die teilweise durch befugte Lehrkräfte unterstützt wurde", schildert Schulamtsleiter Ralph Behrens die in der Vergangenheit angespannte Supportsituation. „Nicht nur die Pflege der Schulverwaltungssoftware war sehr zeitintensiv, sondern auch die Datensicherung. Außerdem kam es aufgrund der über die Schulen verteilten Speicherorte immer wieder zu Inkonsistenzen. Hinzu kamen noch Datenverluste durch PC-Diebstähle. Auch der gegenseitige Abgleich der Schuldaten war umständlich und zeitaufwendig, insbesondere die jährliche Auswertung der tabellarisch erarbeiteten Schulpläne."

14.3 Magellan, zentrale Daten und Thin Clients

Aufgrund dieser Schwierigkeiten und der permanenten Überlastung der EDV-Beauftragten übertrug das Schulamt bereits 2005 die Pflege, den Support und die Verwaltung der IT-Ausstattung auf den erfahrenen Dienstleister b.i.t. Bremerhaven. Der Wirtschaftsbetrieb der Stadt Bremerhaven berät und betreut mit rund 50 Mitarbeiter/-innen etwa 50 Amtsstellen und Ämter der Stadt, aber auch überregionale Unternehmen und Behörden. Zunächst richtete das Bremerhavener Schulamt nur ein Budget für Hardware-Reparaturen und -Ersatzanschaffungen der Schulen ein, über welches der Dienstleister frei verfügen konnte. „Diese Maßnahme entlastete unsere IT-Beauftragte bereits merklich", berichtet Ralph Behrens. Als weitere Maßnahme löste das Schulamt die alte Schulverwaltungssoftware durch die bereits in Bremen erfolgreich eingesetzte Lösung Magellan ab. „Im Zuge dieser Entscheidung empfahl die b.i.t. Bremerhaven uns außerdem, von der bisherigen Client/ Server-Struktur auf ein Server Based Computing-System umzustellen." Seit der Umstellung auf die zentrale Infrastruktur laufen Anwendungen und Daten sicher und effizient im Rechenzentrum der b.i.t. Bremerhaven. Auf die dort installierten Applikationsserver greifen inzwischen rund 180 Anwender via Thin Clients und einer hochsicheren DSL-Leitung zu."

14.4 Outsourcing-Partner empfiehlt Thin Clients

Das neue Schulverwaltungsprogramm Magellan von Anfang an als Server Based Computing-Anwendung einzuführen, war eine ausdrückliche Empfehlung des Dienstleisters. „Mit der damit verbundenen zentralen Datenhaltung können alle Schulen auf einen stets aktuellen Informationsstand zugreifen und somit auf einer einheitlichen Grundlage planen", erklärt Thomas Adolf, Stellvertretender Betriebsleiter der b.i.t. Bremerhaven. Für das Schulamt vereinfachen sich darüber hinaus auch regelmäßige Auswertungen wie beispielsweise die Bundesstatistik oder die Schulentwicklungsplanung. Ein weiterer Vorteil ist, dass das Schulamt nunmehr mit nur einer einzigen, alle Klassenstufen umfassenden Schülerdatei, arbeiten kann. Da die b.i.t. bereits für den Magistrat bestimmte Bereiche, wie z.B. das zentrale Finanzwesen, über eine Citrix-Farm abbildete, musste die bestehende Server Based Computing-Umgebung lediglich für das Schulamt ausgebaut werden. „In einem ersten Migrationsschritt rüstete die b.i.t. die Verwaltungs-PCs an den Schulen so um, dass diese auf die serverbasierten Anwendungen zugreifen konnten", berichtet Thomas Adolf. „Komplett wurde das Konzept freilich erst mit der Einführung von Thin Clients als Ersatz für die wartungsintensiven PCs. Thin Clients bieten prinzipiell keine lokale Speichermöglichkeit, weshalb selbst durch einen Gerätediebstahl keine Daten verloren gehen. Das Wichtigste ist aber, dass wir diese Art von Endgeräten ausnahmslos aus der Ferne administrieren und auf Servicefahrten verzichten können."

14.5 Überzeugende Kosten-Nutzen-Rechnung

Nach einer eingehenden Wirtschaftlichkeitsprüfung stimmte das Schulamt dem Thin Client-Konzept der b.i.t. zu, je Schule drei der ehemals vier PCs zu ersetzen. „Wir schätzen, dass wir den Support damit um rund 20 Prozent entlasten", berichtet Ralph Behrens. „Darüber hinaus sinken die Energiekosten, denn die Thin

Clients weisen nur etwa ein Viertel des Strombedarfs eines PCs auf. Auch in der Anschaffung sind die Thin Clients günstiger und so haben wir ausgerechnet, dass sich die Investition bereits nach drei Jahren amortisiert haben wird." Während die Einführung der Software Magellan unter der Leitung des Schulamts erfolgte, kümmerte sich die b.i.t. Bremerhaven selbständig um das Thin Client-Projekt. Im Auftrag des Schulamts testete der Dienstleister acht Wochen lang intensiv mehrere Modelle der führenden Hersteller. An Referenzen mangelte es dabei nicht: „Jede Firma, die etwas auf sich hält, setzt Thin Clients ein", meint Thomas Adolf. Als Gewinner der Ausschreibung ging schließlich IGEL Technology hervor, der einzige deutsche Hersteller im Feld. „Der deutsche Marktführer IGEL war uns unter anderem schon von der Schulverwaltung in Hannover bekannt, die ebenfalls Magellan einsetzt."

14.6 Management und Flexibilität

Als ausschlaggebend für die Entscheidung zugunsten von IGEL nennt Thomas Adolf vor allem die Qualität der im Lieferumfang enthaltenen Managementsoftware, mit deren Hilfe sich die Thin Clients gruppenbasiert verwalten und effizient über das Netzwerk administrieren und aktualisieren lassen. „Ein weiteres Argument bildete das hohe Konsolidierungspotential der Geräte", ergänzt der IT-Experte. „Alle Modelle unterstützen neben der einheitlichen Managementlösung auch eine Vielzahl an unterschiedlichen Zugriffswegen auf zentrale IT-Infrastrukturen. Dadurch wiederum entsteht eine hohe technologische Gestaltungsfreiheit und Zukunftssicherheit, was IGEL mit dem Begriff Universal Desktop umschreibt." Dank dieser Einsatzflexibilität ließe sich das von der b.i.t. ausgewählte Modell der Compact Serie laut Thomas Adolf künftig auch als Softphone zur IP-Telefonie nutzen. Eine andere Konsolidierungsmöglichkeit bietet die Option, einen Thin Client gleichsam als Printserver einzusetzen, um lokal angeschlossene Drucker im Netzwerk freizugeben. „Selbst für neue Bereitstellungskonzepte, wie z.B. virtuelle Desktops, sind die Geräte bereits serienmäßig gerüstet."

14.7 Neue Endgeräte bestehen in der Praxis

Zusätzlich zu den drei neuen Thin Clients bekamen die Schulen auch noch einen PC mit Windows® XP, CD-Laufwerk und -Brenner. „Der PC ist unter anderem nötig, um Unterrichtssoftware zu testen", erklärt Ralph Behrens. „Abgesehen davon streben wir allerdings eine möglichst hohe Thin Client-Quote an, damit die Vorteile des neuen Konzeptes möglichst umfassend zum Tragen kommen." In den Schulen haben sich die kompakten Thin Clients ebenfalls bewährt. Susann Haupt, Sonderschulrektorin der Anne-Frank-Schule, lobt vor allem die höhere Verfügbarkeit der Arbeitsplätze und den direkten Support durch die b.i.t. Bremerhaven: „Die Technik läuft sehr zuverlässig, so dass wir inzwischen so gut wie keine Ausfallzeiten mehr verzeichnen. Darüber hinaus freuen wir uns über den einfacheren Datenaustausch mit unserem Außenbüro. Das erspart uns lange Postzeiten oder persönliche Autofahrten." Auch ergonomisch kommen die Thin Clients in den Schulen gut an: ohne Lüfter und Laufwerke arbeiten sie geräuschlos und erzeugen deutlich weniger Abwärme als PCs.

14.8 Ausweitung der Lösung geplant

Seit den ersten Roll-outs in 2006 hat die b.i.t. bislang 75 Thin Clients installiert. „Im Vorfeld brannten wir alle lokalen Daten von den PCs auf CD. Anschließend übertrugen wir sie auf die zentralen Server unseres Rechenzentrums und bereiteten die Thin Client-Arbeitsplätze vor", erinnert sich Thomas Adolf. „Insgesamt dauerte der Roll-out ein halbes Jahr." Der Schulungsaufwand war aufgrund der Ähnlichkeit in der Bedienung zum gewohnten PC gering. Laut Thomas Adolf reichte eine Kurzeinführung zum Arbeitsplatz aus. Zu den typischen Anwenderszenarien der neuen Thin Client-Arbeitsplätze gehören neben Magellan, Office- und Finanzprogrammen auch die Verwaltung der Haushaltsmittel sowie die Buchführung in den Schulen. Alle Anwendungen laufen auf vier neuen Citrix-Servern der b.i.t., die jeweils 40 bis 50 User bedienen können. Ein Robotersystem übernimmt die automatische Datensicherung. „Der erste Umsetzungsstand ist so zufriedenstellend, dass wir das neue Konzept zum Standard für alle Bremerhavener Schulen gemacht haben", resümiert Ralph Behrens. „Im Zuge künftiger Maßnahmen zur Kosteneinsparung wollen wir die Lösung auf weitere Verwaltungsbereiche ausdehnen. Langfristig soll die Infrastruktur auf 130 Thin Clients anwachsen."

Tabelle 14-1: Wirtschaftlichkeitsberechnung für die Schulverwaltung

Anschaffungskosten[1)]	PCs / PC-Server (alt)	Thin Clients / SBC (neu)	Jährliche Einsparung
zusätzliche Server	25.350 €	8.000 €	17.350 €
auf drei Jahre verteilt	33.800 €	22.100 €	11.700 €
Support-Kosten	40.000 €	32.000 €	8.000 €
Energiekosten	3.089 €	934 €	2.155 €
Lizenzkosten	+	+	+
Gesamtkosten/Jahr	**76.889 €**	**55.034 €**	**21.855 €**
Amortisation der neuen Hardware			3 Jahre

1) Berechnung bezieht sich auf insgesamt 39 Schulen, Szenario Alt: je 4 PCs und 1 PC-Server à 650 €, Szenario Neu: 3 Thin Clients à 350 Euro und 1 PC à 650 €, Nutzungsdauer: 3 Jahre, Quelle: Schulamt Bremerhaven

Tabelle 14-2: Einsparung Stromkosten in den Schulen

Energiebedarf	**je Schule:**	**für 39 Schulen:**
4 PCs à 85 Watt[1]	340 W	13.260 W
Gesamtbedarf "alt"	**440 W**	**17.160 W**
Energiebedarf "neu"		
3 Thin Clients à 16 Watt[1]	48 W	1.872 W
Gesamtbedarf "neu"	**133 W**	**5.187 W**
Ersparnis		
Ersparnis pro Stunde in Wh	307 Wh	11.973 Wh
Ersparnis pro Tag (ca. 6 Std.) in Wh	1.842 Wh	71.838 Wh
Ersparnis pro Jahr (ca. 200 Tage) in kWh	368 kWh	14.368 kWh
Jährliche Stromersparnis in Euro[2]	**55 Euro**	**2.155 Euro**
CO2 Reduktion		
Vermeidung von CO2–Emissionen pro Jahr[3] pro Jahr	232 kg	9.052 kg
Prozentuale Strom- und CO2-Ersparnis	**70 %**	**70 %**

1) Wirkleistung im Durchschnitt (Quelle: Fraunhofer UMSICHT/IGEL Technology: Ökologischer Vergleich von PC und Thin Client, Arbeitsplatzgeräten (http://it.umsicht.fraunhofer.de/TCecology/), 2) Basis Strompreis = 0,15 kWh, 3) Produktion einer kWh mit dem deutschen Strommix verursacht 0,63 kg CO2

15 Oberbergischer Kreis

15.1 Schlanke, offene und krisensichere IT für die öffentliche Verwaltung

Der Oberbergische Kreis modernisiert seine IT-Infrastruktur. Server-Virtualisierung und IGEL Thin Clients entlasten die IT-Abteilung und gestatten der mehrfach ausgezeichneten Kommune, fünf zusätzliche Fachverfahren bei gleicher Personaldecke einzuführen.Der im nördlichen rechtsrheinischen Schiefergebirge gelegene Oberbergische Kreis zeichnet sich durch hohe Service- und Arbeitgeberqualitäten aus. Die beiden Zertifikate „Familie und Beruf" und „Mittelstandsorientierte Kommunalverwaltung" attestieren eine familienfreundliche Personalpolitik und schnelle Amtsprozesse. Die Grundlage für dieses Versprechen an Bürger und Unternehmen bildet eine effiziente IT-Infrastruktur, welche die Kommune einer konsequenten Verbesserung unterzieht.

15.2 Neugestaltung der Desktop-Umgebung

Der Entschluss zur schrittweisen Modernisierung der Informationstechnologie fiel bereits 2004. Der veraltete PC-Park mit über 800 Maschinen war nicht länger mit den Anforderungen einer modernen Verwaltung vereinbar, denn über 200 der Desktopgeräte waren mit sechs Jahren Einsatzzeit oder mehr technisch veraltet. Die Folge waren hohe Ausfallzeiten und eine Überbelastung der IT-Mannschaft. „Insbesondere die langwierigen Aktualisierungsvorgänge machten uns zunehmend zu schaffen", erinnert sich der stellvertretende IT-Leiter Hans Vedder. „Schließlich mussten wir außerdem einige Großrechneranwendungen auf die lokalen Windows®-PCs migrieren, was wiederum mit den veralteten PCs nicht möglich war." Mit Blick auf Lösungsansätze anderer Kommunen entschied sich der Oberbergische Kreis schließlich dafür, als Ersatz für das bestehende Client/Server-Netzwerk eine Server Based Computing-Infrastruktur einzuführen.

15.3 Effizientes Thin Client Computing

Die erste Citrix®-Terminalserverfarm nahm ihren Betrieb bereits 2004 auf und wurde zwei Jahre später im Zuge der Windows-Portierung der Großrechneranwendungen weiter ausgebaut. Als Ersatz für die veralteten PCs und als künftiges Standardarbeitsgerät führte die Kommune parallel auch Thin Clients ein. „Damit konnten wir den Aufwand zur Aktualisierung und Wartung unserer Desktop-Umgebung nachhaltig verringern", erinnert sich Hans Vedder. „Außerdem sparten wir Energiekosten ein, womit wir gleichzeitig auch eine Vorgabe des Landratsamtes erfüllen konnten.“ Als Thin Client-Hersteller wählte der Oberbergische Kreis nach diversen Teststellungen den deutschen Marktführer IGEL Technology aus. Für dessen Thin Clients, die inzwischen Universal Desktops heißen, sprachen eine hohe Performance und die im Lieferumfang enthaltene Managementlösung. „Uns hat gefallen, dass die IGEL Universal Management Suite für alle Modelle einheitlich ist und uns eine sehr feine, profilbasierte Konfiguration erlaubt. Das erspart uns viel Administrations- und Supportzeit.“

15.4 Universal Desktops – vielseitig einsetzbar

Bislang hat der Oberbergische Kreis rund 350 PCs durch Thin Clients der Reihe IGEL LX Compact ersetzt. Während der kommenden zwei Jahre soll der Thin Client-Anteil auf etwa 650 Geräte anwachsen. „Die dann verbleibenden 150 PCs ließen sich anschließend noch durch virtuelle Desktops ersetzen und ebenfalls per Thin Client bereitstellen. Dieser Schritt steht noch nicht endgültig fest, aber der Universal Desktop-Ansatz von IGEL bietet uns unabhängig von der Virtualisierungslösung schon heute die technischen Voraussetzungen dafür.“ Viel Potential für die Zukunft schreibt Hans Vedder außerdem der Möglichkeit zu, via Thin Client und einem handelsüblichen Headset IP-Telefonie zu betreiben. „Auch in diesem Bereich ist IGEL am Ball und entwickelt die Verwendung von Thin Clients als Softphone konsequent weiter.“ Eine weitere Möglichkeit zur Konsolidierung verschiedener Endgeräte nutzt die Kommune bereits jetzt: Die IGEL Thin Clients dienen auch als Printserver für lokal angeschlossene Drucker mit USB-, Parallel- oder seriellem Anschluss verwenden. Auf diese Weise lassen sich physische Druckserver einsparen und nicht-netzwerkfähige Drucker trotzdem für mehrere Anwender freigeben.

15.5 Sicherheit und Katastrophenschutz

Zu den zahlreichen, standardmäßig bereitgestellten Sicherheitsfunktionen der IGEL Thin Clients zählt unter anderem die Unterstützung des PPTP-Protokolls (Point-to-Point Tunneling Protocol). Dessen Einsatz gestattet den Mitarbeitern des Oberbergischen Kreises zum einen den sicheren Betrieb von Thin Client-Heimarbeitsplätzen, zum anderen ist damit eine wichtige Voraussetzung zum Behördenselbstschutz gegeben – eine Richtlinie, deren Umsetzung die Einsatzfähigkeit in Krisenfällen erzielen soll. „Unsere IT-Umgebung ist katastrophensicher, denn unsere Mitarbeiter können via Thin Client von jedem beliebigen Standort aus auf den Terminalservern arbeiten“, betont Hans Vedder. „Die Server selbst sind redundant ausgelegt und stehen an zwei physisch getrennten Orten.“

Als weiteres Sicherheitsfeature der IGEL Thin Clients nutzt die Behörde ferner den in den Geräten integrierten Smartcard-Reader, mit dessen Hilfe sich die Mitarbeiter an der Internet-Auftragsplattform ‚Subreport' anmelden und ausweisen. „Im früheren PC-Szenario hatte es damit wiederholt Probleme gegeben", erinnert sich Hans Vedder. „Mit der IGEL Smartcard-Lösung hingegen hat es auf Anhieb funktioniert."

15.5 Hohe Energieeffizienz dank Virtualisierung

Die nötigen Serverressourcen für das Server Based Computing stellt die Kommune über 20 Blade Server bereit. Abgesehen von sieben Einzelservern für UNIX, Linux und ältere Windows®-Terminalserver sind inzwischen alle Serversysteme mit Hilfe von VMware ESX™ virtualisiert. Auch die Citrix®-Farm läuft in der virtuellen Umgebung, aktuell unter Microsoft® Windows® Server 2003 und Citrix® Presentation Server™ 4.5. „Die Servervirtualisierung hat für uns den Vorteil, dass wir die Systeme sehr einfach skalieren, sichern und verwalten können", erklärt Hans Vedder. „Gleichzeitig schaffen wir damit gute Voraussetzungen für ein energieeffizientes Datenzentrum, das sehr gut zu unserer Thin Client-Umgebung passt." Im Vergleich zum PC-Szenario vermeidet der Oberbergische Kreis je Thin Client-Arbeitsplatz jährlich knapp 13 Euro an Stromkosten und 54 kg an CO2-Emissionen. Im Hinblick auf die 650 geplanten Thin Client-Arbeitsplätze entspricht dies einer jährlichen Einsparung von 8.400 Euro bzw. 35,3 Tonnen an CO2-Emissionen.

15.6 Kompensation für neue Anforderungen

Die Einsparungen auf administrativer Ebene kann Hans Vedder zwar nicht konkret beziffern, doch stand von vorne herein fest, dass die technischen Neuerungen den Zusatzaufwand durch fünf neue, Windows®-basierte Fachverfahren auffangen sollten: KFZ-Zulassung, Jugendamt, Gesundheitsamt, Führerscheinverfahren und Umweltverfahren. „Dank Fernadministration und teilautomatisierten Firmware-Updates kann unser IT-Team heute mehr Arbeitsplätze in weniger Zeit betreuen. So ist es uns gelungen, alle fünf Fachverfahren bei konstantem Personalaufkommen einzuführen", berichtet der stellvertretende IT-Leiter. „Trotz der zusätzlichen Windows-Anwendungen vermeldet der Support weniger Anfragen." Auch der Aufwand für die Migration selbst hielt sich laut Hans Vedder in Grenzen. „Während wir zum Aufbau der Citrix®-Farm auf externe Unterstützung zurückgreifen mussten, konnten wir die Thin Clients komplett selbst ausrollen. Zunächst lösten wir alle NT-Rechner ab. In den letzten drei Jahren haben wir durchschnittlich 120 Desktops ausgetauscht."

15.7 Laufender Roll-out, schnelle Updates

Der Aufwand für die Umstellung eines Arbeitsplatzes beläuft sich inklusive Netzwerkeinstellungen, Profilerstellung und des Transfers der lokalen Benutzerdaten auf den Server auf insgesamt eine Stunde. Dabei nehmen Installation und Konfiguration der Thin Clients verhältnismäßig wenig Zeit in Anspruch: „Nach dem Anschluss an das Netzwerk bezieht der IGEL Thin Client seine Einstellungen automatisch vom IGEL Universal Management Server. Künftige Firmware-Updates laufen, sofern benötigt, über Nacht." In der Praxis bewährt hat sich laut Hans Vedder insbesondere die Möglichkeit, Gruppenprofile zu erstellen und diese mit spezifischen Profilen zu kombinieren, die unter anderem Bildschirmauflösungen oder USB-Freigaben enthalten. „Der Aktualisierungsaufwand hat sich mit den Thin Clients drastisch verringert. Bei den früheren PCs mussten wir das komplette Betriebssystem durchschnittlich einmal im Jahr neu aufsetzen."

15.8 Solide Basis für künftige Herausforderungen

Nach Berücksichtigung aller Einsparungen bezüglich Stromverbrauch, Verwaltung und Support rechnet die Kommune mit einem Return-on-Invest (ROI) nach drei Jahren. Die typische Einsatzdauer von Servern und Thin Clients beträgt demgegenüber mindestens sechs Jahre. Auch qualitativ hat sich vieles verbessert: „Trotz einer anfänglichen Skepsis schätzen die Anwender die höhere Zuverlässigkeit ihrer Thin Client-Arbeitsplätze, die kürzere Bootzeit sowie das angenehmere Arbeitsklima ohne störende Lüftergeräusche." „Insgesamt", findet Hans Vedder, „hat die IT-Umgebung des Oberbergischen Kreises einen großen Sprung in Sachen Verfügbarkeit, Kosteneffizienz und Skalierbarkeit gemacht. Daran hatte insbesondere auch IGEL als verlässlicher Lösungspartner einen großen Anteil. Die IGEL-Lösung eröffnet uns neue finanzielle Spielräume, auf deren Grundlage wir unsere Servicequalität laufend verbessern können."

Tabelle 15-1: Strom- und CO2-Ersparnis

Ökologischer Vergleich gegenüber PC-Szenario	
Leistungsaufnahme PC[1)]	90 W
Leistungsaufnahme TC inkl. Serveranteil[1)]	41 W
Stromersparnis je Thin Client gegenüber PC[1)]	49 W
x 8 Stunden pro Tag	392 Wh
x 220 Arbeitstage pro Jahr	86,2 kWh
Jährliche Stromersparnis[3)] durch:	
- 1 Thin Client-Arbeitsplatz (als PC-Ersatz)	12,94 €
- 650 Thin Client-Arbeitsplätze [2)]	**8.408 €**
Vermeidung von CO2-Emissionen[4)] pro Jahr durch:	
- 1 Thin Client-Arbeitsplatz	54,3 kg
- 650 Thin Client-Arbeitsplätze[2]	**35,3 t**
Prozentuale Strom- und CO2-Ersparnis	**54 %**

1) Wirkleistung im Durchschnitt (Quelle: Fraunhofer UMSICHT / IGEL Technology: Ökologischer Vergleich von PC und Thin Client Arbeitsplatzgeräten, (http://it.umsicht.fraunhofer.de/TCecology/), 2) Vorläufiges Endszenario nach der endgültigen Ablösung der PCs; nichtberücksichtigt sind virtuelle Desktops, die in Zukunft PCs für CAD- und Grafikanwendungen ersetzten könnten (weiteres Einsparpotential), 3) Basisstrompreis = 0,15 kWh, 4) Produktion einer kWh mit dem deutschen Strommix verursacht 0,63 kg CO2

16 Teckentrup Garagentore

16.1 Offene Türen einrennen

Halbe Kosten bei Administration, Support und Energie – der mittelständische Tür- und Torhersteller Teckentrup optimiert seine länderübergreifende IT-Infrastruktur mit Citrix® und Thin Clients von IGEL Technology.

Motivierte und qualifizierte Mitarbeiter, modernste Technik und computergesteuerte Fertigungssysteme haben das deutsche Unternehmen Teckentrup zu einem der größten Hersteller von Türen, Garagen- und Industrietoren in Europa gemacht. Doch auch außerhalb der Produktionshallen ist der technologische Fortschritt sichtbar. Seit 2004 verfolgt Teckentrup eine tiefgreifende Strategie zur Zentralisierung seiner IT-Umgebung.

16.2 Neuausrichtung der IT-Bereitstellung

Der international vertretene Mittelständler beschäftigt rund 800 Mitarbeiter und erwirtschaftete 2008 einen Umsatz von rund 125 Millionen Euro. Neben den beiden Hauptwerken in Verl bei Bielefeld und Großzöberitz bei Dessau betreibt Teckentrup 15 deutsche Standorte und ein internationales Niederlassungsnetz, das von Schweden bis Dubai reicht. Dass sich die gesamte IT des schnell wachsenden Unternehmens bis heute mit nur fünf Personen verwalten und instandhalten lässt, verdankt Teckentrup einer konsequenten Zentralisierungsstrategie, deren Umsetzung bereits 2004 begann. Mithilfe einer ersten Citrix®-Serverfarm transferierte das IT-Team damals die meisten Firmenanwendungen von den lokalen PCs in das Rechenzentrum am Hauptstandort Verl und stellte sie von dort aus den Anwenderinnen und Anwendern bereit. Um den Vorteil der damit verbundenen zentralen Administration auch auf die Computerumgebung zu übertragen, wurden anschließend 200 der insgesamt 350 Arbeitsplatz-PCs durch Thin Clients ersetzt.

16.3 Anwenderselbsthilfe reduziert

Für Teckentrups IT-Leiter Norbert Gödde liegt der Erfolg der Modernisierungsmaßnahme vor allem darin begründet, dass die Thin Client-Nutzer die Einstellungen ihres Computerarbeitsplatzes nicht verändern können. „Wir mussten früher immer wieder PCs tauschen und zeitaufwendig neu konfigurieren, weil sich User auf eigene Faust an der Konfiguration zu schaffen gemacht hatten“, erinnert sich Norbert Gödde. „Heute haben wir in jeder Niederlassung einen Thin Client in

Reserve, den die Anwender bei Bedarf selbst anschließen und sofort weiterarbeiten können." Die Resistenz der Thin Clients gegen Systemmanipulationen, die auch solche durch Hacker oder Viren einschließen, bildeten gemeinsam mit dem Leistungsumfang der zugehörigen Verwaltungs- und Administrationssoftware die wesentlichen Herstellerkriterien. „Unter diesen Aspekten schnitt das Lösungskonzept des deutschen Marktführers IGEL Technology am besten ab", berichtet Norbert Gödde. „Die Thin Client-Modelle sind sehr sicher, die Verwaltung mittels der im Lieferumfang enthaltenen IGEL Universal Management Suite (UMS) ist äußerst effizient und komfortabel. Sämtliche Geräteprofile und -einstellungen sind in einer zentralen Datenbank hinterlegt, die Verwaltung erfolgt über eine Java-basierte Managementkonsole. Neu angeschlossene Thin Clients verbinden sich automatisch mit dem IGEL UMS-Server, erhalten ihre spezifischen Einstellungen und sind in nur wenigen Minuten einsatzbereit. Das ist ein immens großer Gewinn gegenüber PCs."

16.4 Hohe Einsatzvielfalt dank Digital Services

Die Desktop-Umgebung von Teckentrup zählt inzwischen rund 450 IGEL Thin Clients. Daneben gibt es noch 40 Notebooks und 110 stationäre PCs, deren Einsatz sich jedoch auf spezifische Einsatzszenarien beschränkt, wie zum Beispiel CAD, Desktop Publishing oder vereinzelte Maschinensteuerungen. Norbert Göddes erklärtes Ziel ist es, künftig so viele Arbeitsplätze wie möglich über Thin Clients abzubilden. Dass die IGEL-Modelle hierzu beste Voraussetzungen bieten, liegt vor allem an den vielen Digital Services, das sind firmwareseitig integrierte, lokale Softwaretools und -clients sowie unterstützte Protokolle, die einen direkten Zugriff auf unterschiedlichste zentrale IT-Infrastrukturen erlauben. So gestatten beispielsweise die Terminalemulationen in der IGEL-Firmware, bestimmten Mitarbeitern in der Produktion, ohne Umweg über eine Middleware mit der Linux-basierten Auftragsbearbeitung zu arbeiten. Auch an den etwa 50 Heimarbeitsplätzen des Mittelständlers sind IGEL Thin Clients zu finden. Der integrierte Cisco VPN-Client sorgt dabei für sichere Datenverbindungen. Ihr Konsolidierungspotential stellen die IGEL Thin Clients in den Niederlassungen unter Beweis. Dort ersetzt die serienmäßige Printserverfunktion der IGEL Thin Clients die physischen Printserver.

16.5 Thin Clients in Fertigung und Konstruktion

Zunächst ersetzte Teckentrup die bisherigen Thin Clients eines Wettbewerbers durch die neuen, leistungsstarken IGEL-Modelle, danach wurden flächendeckend auch die internationalen IT-Arbeitsplätze modernisiert. Die lüfterlose IGEL Compact-Serie (heute: IGEL UD3) wird dabei nicht nur im Büroumfeld eingesetzt, sondern auch in der Fertigung. Dank ihres Metallgehäuses bestehen die Geräte selbst in harschen Produktionsumgebungen, wie z.B. an Schweißstationen. In beengten Arbeitsumgebungen setzt das Fertigungsunternehmen das IGEL-Modell LX Elegance ein (heute: IGEL UD9) – ein in einen TFT-Monitor integrierten Thin Client. Die hohe Grafikleistung der IGEL Thin Clients nutzt Teckentrup insbesondere bei der Stücklistenerstellung, wo CAD-Zeichnungen simultan auf einem zweiten Monitor angezeigt werden. Alternativ setzt Teckentrup dafür 24"-TFT- Widescreen-Monitore ein. Solche Formate unterstützen die IGEL Thin Clients standardmäßig.

16.6 Gute Vorbereitung beschleunigt Roll-out

Den Roll-out der IGEL Thin Clients organisierte die IT-Abteilung von Teckentrup selbst. Dabei fiel der Tausch der bestehenden 200 Thin Clients zeitlich kaum ins Gewicht, da keine lokalen Daten zu sichern und auf den Server zu übertragen waren. Die Migration der 250 PC-Arbeitsplätze erfolgte niederlassungsweise. „Pro Woche stellten wir etwa zwei Niederlassungen um. Dabei benötigten wir für größere Standorte mit 15 Arbeitsplätzen rund einen Tag. Fertigungsstandorte mit etwa 50 Arbeitsplätzen nahmen zwei Tage in Anspruch. Wichtig für einen schnellen Roll-out ist jedoch eine gute Planung und Vorbereitung. Im Vorfeld haben wir alle Anwendungen gruppiert und im Active Directory hinterlegt. Die Thin Client-Einstellungen definierten wir auf der Basis von MAC-Listen vorab in der IGEL Universal Management Suite."

16.7 Halbe Kosten: Administration, Support und Strom

Die bisherigen Ergebnisse des Thin Client-Computings bei Teckentrup können sich sehen lassen: Die Administrationskosten für die IT-Infrastruktur haben sich mit der neuen Desktop-Umgebung halbiert. „Das liegt vor allem daran, dass zeitaufwendige Tätigkeiten wie Supportfahrten und Vor-Ort-Betreuung, aber auch Antivirenmaßnahmen und Softwareaktualisierungen inklusive Patches und Updates wegfallen", erklärt Norbert Gödde. „Die zentrale Verwaltung und Administration der IGEL Thin Clients erfolgt sehr effizient und komfortabel mittels der im Lieferumfang der Geräte enthaltenen und laufend weiterentwickelten IGEL Universal Management Suite. Sämtliche Einstellungen bis hin zur Bildschirmanzahl und -auflösung lassen sich zentral und gruppenbasiert hinterlegen und verwalten. Der seltene Fall eines Firmware-Updates kann automatisiert über Nacht erfolgen, so dass sie die Bandbreiten zu unseren Niederlassungen nicht während der Geschäftszeit belasten." Auch die Energiekosten der Desktop-Umgebung haben sich für Teckentrup halbiert. Inklusive des entsprechenden Server- und Kühlungsanteils im Rechenzentrum sank der Energieverbrauch um 52 Prozent. Das Unternehmen spart somit jährlich ca. 6.700 Euro ein. Außerdem entfallen die Energiekosten, welche die lokalen Server in den Niederlassungen verursacht hatten.

16.8 Stetiges Feilen an der IT-Effizienz

Die heutige Citrix-Farm besteht aus 15 Servern, die unter Microsoft® Windows ServerTM 2003 und Citrix Presentation ServerTM 4.5 laufen. Die Userprofile sind im Active Directory hinterlegt, die E-Mail-Bereitstellung erfolgt mittels Microsoft® Exchange unternehmensweit von zentraler Stelle. Aktuell arbeitet das IT-Team um Norbert Gödde an der Einführung von SAP ERP. Die Standardsoftware soll unter anderem die alte Auftragsbearbeitung ersetzen. Ergänzend zu dieser Modernisierungsmaßnahme soll auch die Thin Client-Umgebung weiter ausgebaut werden. Bis Ende 2009 sollen weitere 50 PCs durch Thin Clients ersetzt werden, indem auch CAD- oder DDP-Arbeitsplätze via Thin Client abgebildet werden. Als Voraussetzung dafür unterstützen die IGEL Thin Clients auch Szenarien mit virtuellen Desktops unter Citrix XenDesktop™ oder das Applikationsstreaming innerhalb von Citrix XenApp™. Mithilfe dieser Technologien plant Norbert Gödde, die Thin Client-Quote bis Ende 2010 bei geplanten 700 Arbeitsplätzen auf 86 Prozent zu steigern. „Dass dieses Ziel realistisch ist, ist der technologischen Offenheit der IGEL-Lösung zu verdanken, die uns nicht zuletzt eine hohe Zukunftssicherheit garantiert."

Tabelle 16-1 Entwicklung der Thin Client-Quote

	Q3/2004	Q3/2008	Q3/2009 (geplant)	Q3/2010 (geplant)
IT-Arbeitsplätze gesamt	500	600	600	700
davon Thin Clients	200	450	500	600
Thin Client-Quote	50%	75%	83%	86%

Tabelle 16-2: Berechnung der Stromersparnis:

Basisdaten	
Leistungsaufnahme PC[1)]	85 W
Leistungsaufnahme TC[2)]	41 W
Stromersparnis je Thin Client gegenüber PC	44 W
x ca. 9 Stunden pro Tag	396 Wh
x ca. 250 Arbeitstage pro Jahr	396 Wh
Verbrauch 450 PCs (alt)	86.063 kWh
Verbrauch 450 TCs (neu)	41.513 kWh
Jährliche Stromersparnis[3)] bei insgesamt 450 Thin Clients	**44.550 kWh**
Jährliche Stromersparnis SBC:	**6.683 €**
Vermeidung von CO2–Emissionen[4)] pro Jahr durch:	
450 Thin Client-Arbeitsplätze	28.067 t
Prozentuale Strom- und CO2-Ersparnis	**52%**

1) Wirkleistung im Durchschnitt: (Quelle: Fraunhofer UMSICHT / IGEL Technology: Ökologischer Vergleich von PC und Thin Client Arbeitsplatzgeräten 2008 (http://it.umsicht.fraunhofer.de/TCecology/), 2) inklusive Server-basierter Anteil und für die Serverkühlung benötigte Energie im Rechenzentrum (Quelle: Fraunhofer UMSICHT / IGEL Technology: Ökologischer Vergleich von PC und Thin Client Arbeitsplatzgeräten 2008 (http://it.umsicht.fraunhofer.de/TCecology/) 3) Basis Strompreis = 0,15 kWh, 4) Produktion einer kWh mit dem deutschen Strommix verursacht 0,63 kg CO2

Sachwortverzeichnis

Acidifiing Potential 130
AMD-V 76
Anwendererwartungen 81
Anwendungsvirtualisierung 103
Anwendungs-Virtualisierung 89
Applikationsvirtualisierung 89
Arbeitsplatzergonomie 96
Arbeitsspeicher 27
Ardence 104
Ausfallsicherheit 49
Authentifizierung 101
Bare-Metal-Hypervisor 75
Benutzersitzungen 121
Beschaffungskosten 116
Betriebskosten Rechenzentrum 18
Betriebsphase 131
Betriebssicheres Rechenzentrum 50
BITKOM 16, 17
BITKOM-Leitfaden 17
Blade PCs 87
Blade-Server 28
Blade-Server-Racks 8
Blade-Systeme 7
Borderstep Instituts 143
Business Continuity 79
Chilled water 33
Chiller 42
Citrix Ready 111
Citrix XenApp 106
Citrix XenDesktop 88, 104
Client Access License (CAL) 119
Client/Server 93
Client/Server-Netzwerk 105
Client-Hardware 116
Cloud Computing 153
CO_2-Ausstoß 10
CO_2eq-Emissionen 134
Compliance 79
Connection Broker 106
Cost of Desktop Ownership 79
Dampfbefeuchter 34
Data Center Infrastructure Efficiency 23
Datenspeicherung 13, 31
Desaster Recovery 105
Desktop Appliances 90
Desktop Delivery Controller 88
Desktop-Bereitstellung 72, 83
Desktop-Images 82
Desktop-PC 131
Desktops 14
Desktops „on Demand" 79
Desktop-Thin Clients 109
Desktop-Virtualisierung 71, 77, 103
Direct expansion DX 33
Disaster Recovery: 74

Doppelboden 38
Downflow 33
Drucker 13
Dualview 108
Dynamische Desktops 107
Effizienzlösungen 146
EITO 136
Elektronikschadstoffe 154
Endgeräte 87
Energiebedarf von Rechenzentren 18
Energieeffizienz im Rechenzentrum 17
Energieeinsparpotenziale 148
Energieeinsparung Thin Clients 151
Energie-Monitoring 25
Energy Contracting 22, 54
Energy Star 28
Ericom WebConnect 104
Eutrophierungspotenzial 130
Fan-Coil-Geräte 33
Feinstaub 130
Festplatten 27
Firmware 99
Freie Kühlung 32, 40
Frostschutzmittel 34
Gefährlicher Abfall 130
Gesamtbetriebskosten 98
Geschäftsprozesse 123
Global Warming Potential 130
Green IT 12
Green500-List 23
Green-IT-Gipfel 16
Gross energy requirement GER 130
Hauptspeicher 117
Hochverfügbarkeit 74, 97
Home Office 86
Host-basierten Virtualisierung 75
Hot Spots 9
Hot-Spots 22, 25
Hypervisor 86
ICA 96
Idle-Modus 8, 131
IGEL Technology GmbH 98, 129
IGEL Thin Clients 99
ILM 31
Information Lifecycle Management 31
Installations-Images 78
Instant-On 85
Intel VT 76
Intelligente Stromleisten 53
Investitionssicherheit 111
Kältemittel 34
Kaltwassersätze 42
Kennzahlen 23
Klimawandel 10
Kohlendioxid 35
Kondensatoren 42
Konsolidierung 29, 74
Kühlgerätearten 33
Kühlmedien 34
Kühlung 32
Kummulierte Beschaffungskosten 121
Latente Kühlleistung 33
Lebenszyklen 97

Leistungsregelung 42
Leostream 104
Lokale Tools 100
Luftführung 28
Luft-Kaltwasser-Wärmetauscher ... 33
Luftstrom 32
Malware 96
Materialeinsparung Thin Clients . 150
MEEUP (Methodology Study Eco-Design of Energy-using Products) 131
Mess- und Bewertungskonzepte 23
Messung von Energiebedarf 22
Mobile Thin Clients 109
Multidisplay Thin Clients 109
Multimedia-Dateien 31
Multi-Tier-Infrastrukturen 7
Nachhaltigkeitskonzept 140
NAS 31
Netzteile 28
Netzwerkkomponenten 15
NoMachine NX 96
Offline-Einsatz 105
ökologische Reboundeffekte 152
Outsourcing 15
Outtasking 15
Paravirtualisierung 75
Particulate Matter 130
Passive Stromleisten 52
PC-Lebenszyklus 84
Power Distribution Units 39
Presentation Server 96
Primärenergieverbrauch 130
Proaktiver Support: 86
Pro-Rack-Energieverbrauch 22
Pumpensysteme 34
Quadscreen 108
Racktiefe 39
RDP 96
Rechenzentren 144
Rechenzentrum 17
Rechenzentrumsplanung 12
Remote-Zugriff 86
Ressourceneffizienzpotenziale 150
RoHS 154
Rollout 85
Rückkühler 42
SAN 31
SBC 103, 105
Schaltbare Stromleisten 53
Server 26
Server Based Computing 94
Server-Hardware 116
Serverkonsolidierung 29
Server-Monitoring 25
Serversizing 116
Servervirtualisierung 43
Server-Virtualisierung 74
Sessions 118
Single Point of Failure 105
Single-Purpose"-Server 8
Skalierbarkeit 85
Smartcards 101
Soft-Off 131
Software-Lizenzen 119

Softwareverteilung 119
Speicherdichte 32
Speicherlösungen 31
Steckdosenleisten 52
Strom- und Kühlleistungsbedarf 18
Stromkosten im Rechenzentrum 20
Stromversorgung 44
Systemvirtualisierung 83
Temperaturen im RZ 22, 32, 41
Temperatur-Monitoring 25
Terminal Server 117, 132
Terminaldienste-Lizensierung 120
Test und Entwicklung 75
Thin Client Computing 149
Thin Client-Karten 109
Thin Clients ....
.... 14, 93, 103, 115, 129, 143
Thin Client-Strategie 107
Total Cost of Ownership 22, 124
Treibhausgaspotenzial 130, 133
Umluftkühlgeräte 42
UMSICHT 98, 117, 129
Universal Management Suite 98
Upflow 33
User Profiles 84
USV 45, 46, 47, 50, 51
USV-Anlagen 49
VDI 104, 105
Versauerungspotenzial 130
Virtual Desktop Provisioning 89
Virtual Storage 86
Virtualisierung 13, 29, 72, 103
Virtualisierungs-Infrastruktur: 88
Virtualisierungslösungen 103
VMware 104
VMware VDI 106
VMware VDI Alliance Program ... 111
VMware View 104
VoIP 108
vollständige Virtualisierung 75
Volume Server 21
Warmgang-Kaltgang-Anordnung . 35
Wasserverbrauch 130
X11 96
XenApp 96
Zentrales Management 99
Zentralisiertes Desktop-
Management 81
Zentralisierung 95
Zukunftssicherheit 101